ulmer

Anita Schäffer

MEHR GEZWITSCHER IM GARTEN

Nachwachsendes Futter und gemütliche Nistplätze für Gartenvögel

INHALT

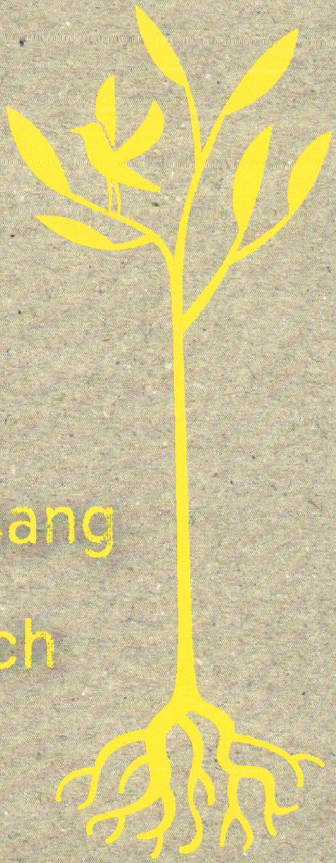

Vogelgesang
macht
glücklich

LEBENSRAUM GARTEN

→ Naturschutz fängt im eigenen Garten an. Gärten können vielfältiger Lebensraum für Pflanzen und Tiere sein. Wichtig: Dieser Lebensraum muss dauerhaft und nachhaltig vorhanden sein und sich entwickeln dürfen. Mit der Gestaltung deines Gartens bestimmst du selbst, wie viel Natur und Gezwitscher du vor der eigenen Haustür hast. Fang einfach mal an mit einer Wilden Ecke, in der Vögel Sämereien finden!

ARTENVIELFALT

→ Wir stecken neben der Klimakrise noch in einer zweiten Krise, der Biodiversitätskrise. Unsere Artenvielfalt geht weltweit zurück. Einmal ausgestorben, lässt sich eine Art nicht wieder herbringen. Klar kommen im Garten keine Sibirischen Tiger vor, aber zum Beispiel Tigerschnegel, und die gehören auch hierher! Wie viel Artenvielfalt der Garten beherbergt, zeigen uns die Vögel als Schirmarten.

ARTEN-KENNTNIS

→ Geh auf Entdeckungsreise im Garten und stelle fest, dass nicht nur Vögel hier leben, sondern noch zahlreiche andere Tiere. Viele sind sehr klein und unscheinbar, manchmal musst du schon genau hinschauen, um sie zu unterscheiden. Für Neugierige gibt es gute Bücher und wenn du Arten bestimmen kannst, ist die Gartenwelt noch spannender. Insekten und Wirbellose sind wichtige Nahrung für viele Vögel und andere Tiere.

NATUR ERLEBEN

→ Vogelstimmenkonzert am Morgen, Spatzengezwitscher oder Vögel am Futterhaus – allein die Vogelwelt im Garten bietet tolle Naturerlebnisse, die jede*r zu schätzen weiß. Nimm dir Zeit, dann erschließt sich vieles, wenn du die Vögel beobachtest und Zusammenhänge erkennst. Warnen die Amseln vor einer Katze oder ist ein Sperber in der Luft? Singt ein Vogel im Garten, hat er wahrscheinlich auch irgendwo ein Nest. Zur Jungenaufzucht braucht er dann Schmetterlingsraupen.

WELLNESS-OASE

→ Du musst kein Artenkenner sein, um die Natur vor der Haustür genießen zu können. Viele Studien belegen, dass der Aufenthalt in der Natur – auch im Garten – gut für unser Wohlbefinden ist. Die Natur hilft ganz nebenbei dem Gehirn, sich zu erholen. Also, einfach mal rausgehen ins Grüne, bunte Blumen und Schmetterlinge sehen, Vögel singen hören und sich freuen!

JEDE*R KANN GARTEN

→ Statt Mähroboter und Steinschüttung: Blüten für Schmetterlinge, Brennnesseln für Raupen und Sämereien für Vögel – ohne etwas „Unordnung“ und heimische Wildkräuter gibt es keine Artenvielfalt im Garten. Und ein wenig Wildnis ist auch nicht verboten. Mach mit und gestalte deinen Garten naturnah, damit Vögel und viele andere Tiere sich hier wohlfühlen. Wildnis im Garten muss modern werden!

BITTE BUNTER UND LAUTER!

Vögel können fliegen – banal, ja. Aber dadurch, dass sie einfach wegfliegen können, wenn Gefahr droht, sind Vögel häufig wenig versteckt oder heimlich. Sie lassen sich gut sehen, oft einfach nur aus dem Augenwinkel. Viele Menschen nehmen Vögel gar nicht bewusst wahr, sie sind einfach da. Für Siedlungen mit Gärten trifft das meistens zu, in Feld und Wald sieht es häufig anders aus. In eintöniger Agrarlandschaft oder monotonen Fichtenplantagen ist vielerorts kein Vogel zu sehen. Früher war die Amsel bei uns ein typischer Waldvogel – heute ist sie im Wald weniger häufig als in Siedlungen mit Gärten und Parks. Die höchste Dichte des Gartenrotschwanzes in Bayern wurde in einer Kleingartenanlage in Augsburg festgestellt. Dabei ist der Gartenrotschwanz eigentlich in abwechslungsreicher Landschaft mit Obstwiesen und Hecken zu Hause. Durch das Vorkommen – oder eben Nicht-Vorkommen – von Vögeln werden wertvolle Hinweise auf den Zustand eines Lebensraums gegeben.

Damit Vögel sich wohlfühlen, müssen ihre Lebensbedingungen erfüllt sein, nämlich die Verfügbarkeit von ausreichend Nahrung, Möglichkeiten zur Fortpflanzung und Sicherheit. Für unterschiedliche Arten und auch zwischen den Jahreszeiten sind diese Bedingungen zum Teil sehr verschieden. Fest steht: Fehlt eine Komponente im Lebenszyklus, kommt die Vogelart nicht vor. So einfach ist das; da kann man nichts schönreden. In ausgeräumter Landschaft mit intensiver Bewirtschaftung vernichten Pestizide die Nahrungsgrundlagen vieler Vögel, Hecken zum Nisten gibt es nicht und Nester am Boden werden ausgemäht oder untergepflügt. Besonders den Vögeln der Agrarlandschaft, den Feldvögeln, geht es schlecht. In den letzten Jahrzehnten sind die Zahlen beispielsweise von Rebhuhn, Kiebitz und Feldlerche massiv und rapide zurückgegangen.

Gartenvögel

Einige Wald- und Feldvogelarten finden in Gärten einen Ersatzlebensraum. Hier bilden Bäume, Sträucher und offene Flächen auf relativ engem Raum ähnliche Strukturen wie an den artenreichen Übergängen zwischen Wald- und Feldlandschaft. Dieser sogenannte Waldrandeffekt kann mit der richtigen Gestaltung des Gartens noch verstärkt werden. Dabei machen Vögel am Gartenzaun nicht halt, sondern nutzen mehrere Gärten und auch Parks und andere Grünflächen.

In Gärten brüten vor allem viele weit verbreitete und (noch) häufige Vogelarten wie Amsel, Meisen, Mönchsgrasmücke oder Singdrossel. Welche und wie viele Arten vorkommen, ist auch abhängig von Umfeld und Lage des Gartens, zum Beispiel City

Mehr Leben und Farbe bringen Singvögel wie der Stieglitz in den Garten.

oder Stadtrand. Wasservögel, große Greifvögel oder Watvögel wird man in Gärten eher nicht finden. Die Arten mit flexibleren Ansprüchen an Nistplatz und Nahrung nutzen jedoch einfach das vorhandene Potenzial des menschengemachten Lebensraums Garten.

In naturnahen Gärten mit vielen Strukturen, von Bäumen und Sträuchern über Stauden und Kräuter bis zu Rasen oder Wiese, mit Elementen aus Holz oder Stein, Versteckmöglichkeiten und ein wenig „Unordnung" ist die Artenvielfalt insgesamt um ein Vielfaches höher als in aufgeräumten – oder besser ausgeräumten – Gärten mit Mähroboter, Schotterflächen und Gifteinsatz. Im eigenen Garten hat es jede*r buchstäblich in der Hand, wie viele Vögel hier leben können. Die ökologischen Zusammenhänge muss man dazu nicht wirklich kennen, auch wenn sie echt spannend sind und man dann nicht nur die Natur vor der eigenen Haustür besser versteht. Gartenvögel, die Zusammenhänge im Lebensraum Garten und die Beobachtung können dazu führen, sich auch Gedanken über weitere Natur- und Umweltschutzprobleme zu machen.

X FRISST Y FRISST Z

Vögel stehen häufig an der Spitze von Nahrungsketten. Ein Beispiel – einfach und komplex zugleich: Meisen fressen bevorzugt kleine Raupen. Raupen sind die Larven von tag- oder nachtaktiven Schmetterlingen. Aus dem Ei geschlüpft fressen Raupen von grünen Pflanzenteilen, bis sie groß genug sind, sich zu verpuppen. In der Puppe verwandelt sich die Raupe in den Falter. Der erwachsene Schmetterling ernährt sich dann von Nektar, den nur blühende Pflanzen bereitstellen. Es müssen geeignete Blumen oder Sträucher im Garten wachsen, und oft sind das wieder ganz andere als die Pflanzen, von denen die Raupen fressen. Bei einigen Schmetterlingsarten überwintern die Tiere als Raupe, bei anderen in der Puppe oder einem Kokon, wieder andere überleben den Winter als fertiger Schmetterling an geschützten Stellen. Damit Raupen als Nahrung für die Meisen vorkommen, muss der Lebensraum also erstmal die Bedingungen für die Schmetterlinge erfüllen: Nahrung, Fortpflanzung, Schutz. Und dafür müssen wiederum die Standortbedingungen für die passenden Pflanzen erfüllt sein: gesunder Boden, Wasser, Licht.

Komplexe Abhängigkeiten

Tatsächlich ist das Beispiel der Raupen fressenden Meise gar nicht einfach, sondern Pflanzen und Tiere sind untereinander über ein kompliziertes Netz miteinander verbunden und voneinander abhängig. Die Meisen fressen zudem ja nicht nur Raupen, und zwar von verschiedenen Schmetterlingsarten mit unterschiedlichen Wirtspflanzen, sondern auch andere Insekten und Spinnen. Im Winter brauchen sie dann Sämereien, die sie in den Samenständen von Pflanzen finden – das können wieder ganz andere als die Raupenfutter- und Nektarpflanzen der Schmetterlinge sein.

Die Vögel zeigen es!

Vögel sind sogenannte Schirmarten: Wenn Vögel im Garten leben, kommen auch andere Tierarten vor, zum Beispiel Wirbellose als Nahrungstiere. Der Großteil der Tiere im Garten sind Wirbellose. Das sind all die kleinen Krabbel- und Kriechtiere ohne Knochengerüst, von Insekten über Spinnen, Asseln und Tausendfüßer bis hin zu Schnecken und Würmern mit einer überraschend großen Artenvielfalt.

Weitere Tiere fressen ebenfalls Insekten, Spinnen, Würmer oder Schnecken, zum Beispiel Frösche oder Eidechsen, Igel oder Fledermäuse. Die Vögel, die sich sehr gut beobachten und bestimmen lassen, gelten als Indikatoren. Sie belegen nicht nur ihre eigene Existenz, sondern auch die anderer Organismen im selben Lebensraum.

SONNE, SCHATTEN – OBEN, UNTEN: JEDEM SEIN PLÄTZCHEN.

Viele Nischen, viele Arten

Je mehr verschiedene Angebote an Nahrung, Unterschlupf, Nistplätzen usw. im Garten vorhanden sind, umso mehr verschiedene Tiere, auch unterschiedliche Arten, können vorkommen. Die verschiedenen Möglichkeiten nebeneinander nennt man ökologische Nischen, der Prozess der Anpassung einer Art im Laufe der Evolution heißt Einnischung.

Es gibt zeitliche und räumliche Nischen, Anpassungen an Nahrung oder Nistmaterial. Alle Gegebenheiten in einem Lebensraum erfüllen in unterschiedlicher Kombination die Bedingungen verschiedener Tierarten.

Blaumeise und Kohlmeise suchen Insekten und deren Larven zwischen Blättern und Ästen. Die kleinere und leichtere Blaumeise nutzt dafür die äußeren Zweige, die Kohlmeise klettert weiter im Inneren von Bäumen und Sträuchern umher. Beide Meisenarten brüten in Höhlen und stehen in Konkurrenz um geeignete Nistplätze. Die Kohlmeise beginnt jedoch etwas eher im Jahr mit der Brut. Dafür kann die Blaumeise auch in Höhlen mit kleinerem Einflugloch schlüpfen.

Hausrotschwanz und Zauneidechse ernähren sich beide von Insekten. Der Hausrotschwanz fängt Beute in der Luft, die Zauneidechse legt sich auf Holz oder Steinen auf die Lauer. Fledermäuse und Igel sind nachtaktive Insektenfresser. Sie gehen sich nachts buchstäblich aus dem Weg, indem die Fledermaus im Luftraum jagt und der Igel am Boden nach der nächsten Mahlzeit sucht.

Ohne Kleingetier kein Zaunkönig, das ist der Kreislauf der Natur.

Wo ein Zaunkönig ist ...

Noch ein Beispiel gefällig? Der Zaunkönig (Bild links) frisst kleine Insekten, hauptsächlich Käfer, aber auch Spinnen, die er am Boden sucht. Und das auch im Winter, denn der Zaunkönig zieht nicht nach Süden wie die meisten anderen Insektenfresser. Im Laub unter Sträuchern findet er überwinternde Kleintiere. Dichtes Gestrüpp oder Reisighaufen bieten ihm Schutz und Deckung. Vielleicht baut er hier im Frühjahr dann auch ein Nest – wenn er Moos und Laub, Haare und Federn als Nistmaterial finden kann.

... mag es auch die Erdkröte

Den Reisighaufen mögen auch andere Tiere. Oben im Reisighaufen brütet vielleicht der Zaunkönig, zwischen den Zweigen am Boden könnten Erdkröte oder Igel wohnen. Vorausgesetzt es gibt ausreichend Nahrung für alle, denn auch Erdkröte und Igel fressen Wirbellose. Während der Zaunkönig aber eher kleinere Insekten sucht, mögen die anderen beispielsweise Würmer lieber. Die Erdkröte erbeutet sie am Tag, der Igel nachts.

Wo ein Zaunkönig ist ... mag es auch die Erdkröte.

BIODIVERSITÄT

Biodiversität setzt sich zusammen aus der Vielfalt verschiedener Arten (Artenvielfalt), der Varianz innerhalb einer Art (Genetik) und der Vielfalt unterschiedlicher Lebensräume. Oft muss Artenvielfalt als Synonym für Biodiversität herhalten. Biodiversität ist jedoch viel mehr.

Hier profitieren viele: In der Krone sucht die Blaumeise nach Insekten, am Stamm der Kleiber und die Singdrossel am Boden. Und für uns Menschen gibt es feine Äpfel im wohltuenden Schatten mit bestem Vogelkonzert.

Von Nahrungsketten zu Nahrungsnetzen

Unsere Gartenvögel haben unterschiedliche Gewohnheiten. Zum Beispiel gibt es Körner- und Insektenfresser. Wenn eine Vogelart vorkommt, belegt das, dass die richtige Nahrung ebenfalls vorkommt – bei Nahrungstieren entsprechend auch deren Nahrung. Abhängig davon, was man betrachtet, sind Nahrungsketten unterschiedlich lang, mit unterschiedlich vielen Beteiligten. Am richtigen Standort wächst beispielsweise die Kardendistel, der Stieglitz frisst die Distelsamen. Komplizierter wird es schon beim Sperber, der eine Grasmücke erbeutet: Grasmücken sind Insektenfresser, fast ausschließlich Fluginsekten, von denen sich die meisten von Nektar ernähren. Es braucht also Pflanzen für Insekten, die von der Grasmücke gefressen werden, die dann der Sperber erbeutet. Wenn ein Element wegfällt, ist das gesamte System gestört. Das leuchtet ein!

Jetzt muss man allerdings noch berücksichtigen, dass viele Insekten mehrere verschiedene Pflanzen nutzen, Grasmücken unterschiedliche Insekten fressen und auch der Sperber nicht nur Grasmücken, sondern auch andere Kleinvögel fängt. Schon hat man ein komplexes Nahrungsnetz und die Konsequenzen bei Störungen sind viel weitreichender und schwerer zu überblicken.

Die wenigsten kleinen Jungvögel sind Vegetarier, daher gibt es bei Familie Grauschnäpper heute Libelle.

Lebende Insekten zur Jungenaufzucht

Fast alle Vögel füttern ihre Jungen mit Insekten und deren Larven. Körnerfresser wie Spatzen, Grünfink oder Stieglitz nur in den ersten Tagen, später wird der Nachwuchs bereits mit im Kropf der Eltern vorgeweichten Körnern gefüttert. Pestizideinsatz im Garten vernichtet also nicht nur die Nahrungsgrundlage beispielsweise von Hausrotschwanz, Mönchsgrasmücke oder Mehlschwalbe, die Vernichtung von Insekten schränkt auch den Bruterfolg anderer Vogelarten immens ein.

Eine Ausnahme unter unseren Gartenvögeln sind Ringel- und Türkentaube, die ihre Jungen ausschließlich mit einer sogenannten Kropfmilch füttern. Die Altvögel produzieren dieses Sekret im Kropf, daher der Name. Weil Tauben überhaupt nicht auf Insekten angewiesen sind, können sie das ganze Jahr über Nachwuchs großziehen, auch in milden Wintermonaten.

Stabilisierung des ökologischen Gefüges

Noch vor wenigen Jahrzehnten wurde unsere Tierwelt in „Nützlinge“ und „Schädlinge“ eingeteilt, je nachdem, wer was frisst. Heute sind diese Bezeichnungen eigentlich überholt. Blattläuse sollten nicht als Schädlinge betrachtet werden, im naturnahen Garten sind sie wichtiges Erstlingsfutter für Blaumeisen und andere kleine Vögel. Ältere Junge von Meisen werden mit kleinen Raupen aufgezogen. Diese Raupen können im Gemüsebeet keinen Schaden mehr anrichten. Meisen beispielsweise haben anscheinend auch gelernt, die Raupen des Buchsbaumzünslers aus den Gespinsten zu picken.

Der Hausrotschwanz erbeutet unter anderem auch Schmetterlinge. Für viele sind Schmetterlinge an bunten Blumen Sinnbild eines intakten Gartens. Ist der Hausrotschwanz nun ein „Schädling“?

Gimpel wurden früher in Obstplantagen bekämpft, da sie mit Vorliebe die frischen Knospen der Bäume anknabbern. Elstern werden als „Schädlinge“ betrachtet, weil sie auch Eier und Jungvögel fressen. Das machen zuweilen auch Buntspechte oder Eichhörnchen – die werden aber nicht verteufelt. Wo viele Arten vorkommen, sind die Nahrungsnetze komplexer und damit resilienter. Das ist gut so, das ökologische Gefüge wird dadurch stabiler. Im Garten sollte man versuchen, nachhaltig mit der Natur zu wirtschaften und sich zu freuen, wenn es funktioniert. Je reichhaltiger und vielfältiger der Garten, umso besser. Vor der eigenen Haustür zu beobachten, wie ein jagender Sperber in rasantem Flug einen Kleinvogel erbeutet, ist doch auch ein spektakuläres Erlebnis!

ZAHLEN & FAKTEN

- Wildbienen sind wichtig als Bestäuber: Ohne sie gäbe es keine Samen, Beeren und Früchte, sprich Nahrung für Vögel und viele andere Tiere.
- Insekten und ihre Larven in allen Stadien sind Nahrung für viele Vögel und andere Tiere, besonders beliebt sind Raupen.

HEUTE FREUEN SICH GARTENBESITZER ÜBER DEN FARBENFROHEN GIMPEL IM OBSTBAUM.

WILDNIS MIT STRUKTUR

Möchte man Wildnis definieren, könnte man sagen: Es ist das Zulassen natürlicher Zusammenspiele zwischen Pflanzen, Tieren und ihrer Umwelt. Auch in Gärten gibt es diese Dynamik. Allerdings ist ein Garten ein begrenztes Stück Land, gestaltet nach dem Geschmack und den Bedürfnissen der Gärtnerin oder des Gärtners. Viele Menschen wünschen sich in ihrem Garten eine große Artenvielfalt. Eigentlich ist das ganz einfach, man muss sich nur trauen.

MUT ZUM NATURNAHEN GARTEN

Viele Gartenbesitzende möchten einen Garten, der möglichst keine Arbeit macht. So ein bisschen Grün um die Terrasse, wo dann der Grill stehen kann, ist okay. Artenvielfalt wollen die Menschen natürlich auch – ist ja klar heutzutage!

Als pflegeleichter Garten wird dann eine Fläche mit Schotter oder Rindenmulch auf Unkrautvlies und vielleicht noch ein paar kleinen Koniferen angelegt, dazu noch ein paar Quadratmeter Rasen. Artenvielfalt gibt es hier nicht. Eine vom Mähroboter gemanagte Rasenfläche ist eigentlich mehr tot als lebendig, hier gibt es keine Blüten für Nektar saugende Insekten und im dichten Wurzelfilz keine Regenwürmer für Amseln.

Für Artenvielfalt im Garten muss man schon ab und zu im Garten werkeln, aber viel weniger Pflege als bei Englischem Rasen und blank geputzten Beeten einplanen. Naturnaher Garten bedeutet nicht, dass alles wild durcheinander wächst, sondern dass die natürlichen Entwicklungen von Pflanzen und Tieren bei der Gestaltung, Bearbeitung und Weiterentwicklung eines Gartens berücksichtigt werden. Heimischen Pflanzen kommt hier eine wichtige Bedeutung zu (Seite 56). Eine gesunde Mischung aus vielleicht exotischen Lieblingsblumen und Wildpflanzen ist eine ideale Voraussetzung für Freude am Garten und für die Natur. Die Gartengröße spielt dabei eine untergeordnete Rolle. Auch schließen sich verschiedene Nutzungen nicht aus. Ein Stück gemähte Wiese für Kinder zum Spielen oder Gemüsebeete sind auch in einem naturnahen, artenreichen Garten gut möglich. Wie wäre es mit einer „Wilden Ecke"? Das ist doch ein guter Anfang (Seite 22)!

Im naturnahen Garten darf in Beeten „Unkraut" wachsen. Es gibt Gestaltungselemente, die ganz natürlich sind, wie Totholz und Steine. Gartenzwerge aus Plastik oder Terrakotta-Buddhas sind Geschmackssache. Was im naturnahen Garten jedoch nichts zu suchen hat, sind solarbetriebene Deko-Leuchten abseits von Hauseingängen oder Wegen, deren Licht nachtaktive Tiere wie Nachtfalter, Fledermäuse oder Igel verwirren kann.

Summen, Zwitschern, Pfeifen: Mut wird belohnt.

Wilde Gärten sind bunt und abwechslungsreich, hier tobt das Leben.

Ist das „Unordnung“?

Naturnahe Gärten wirken auf manche Mitmenschen unordentlich. Das liegt daran, dass es keine scharfe Rasenkante entlang des Rasens gibt, nicht jedes Grashälmchen aus den Pflasterritzen geklaubt wird und der Boden zwischen den Rosenstöcken nicht blank geputzt ist. Wo sich übrigens ganz schnell neues „Unkraut“ einfindet und Gartenpflege fordert … Wurzelstöcke als Struktur werden als Unrat oder Abfall, ein Steinhaufen als Bauschutt bezeichnet.

Über diese verstaubten Ansichten müssen Gartenfreund*innen, denen Natur und Artenvielfalt am Herzen liegen, mit einem Lächeln hinweggehen. Sicher braucht man erstmal Mut, neben dem Rosenbusch auch Natternkopf und Mohn wachsen zu lassen. Und das ist sogar erlaubt, denn im eigenen Garten besteht keine Verpflichtung zum Entfernen von „Unkraut“. Löwenzahn und Disteln dürfen in der Wiese wachsen, egal was die Nachbarn dazu sagen! Und um es mal ganz klar im Behördenjargon auszudrücken: Samenflug gilt als Immission und muss geduldet werden, wenn die Nutzung des betroffenen Anwesens nicht oder nur unwesentlich beeinträchtigt ist.

Wildnis ist nicht dasselbe wie Verwahrlosung!

Selbstverständlich müssen, besonders an Grundstücksgrenzen, überhängende Pflanzen und Hecken in sinnvollem Maß zurückgeschnitten werden. Wo wucherndes Kraut überhandnimmt und andere, gewünschte Pflanzen bedrängt, muss es entfernt werden. Dennoch, wer Tagpfauenauge möchte, muss auch Brennnesseln zulassen. Überall sollen die sich natürlich nicht ausbreiten.

Heimische Wildpflanzen im Garten sind ungeheuer wertvoll, denn viele der vorkommenden Insekten gibt es hier nur, weil die richtigen Stauden und Sträucher wachsen dürfen. Viele davon betrachten die einen als Unkraut, für die anderen sind sie Bienenweiden.

Besonders im Winter, wenn die grünen Pflanzenteile von Stauden verschwunden sind, dafür aber vertrocknete Stängel noch anzeigen, wo im Sommer die Glockenblume oder eine Wilde Möhre geblüht haben, erscheinen Gärten vielen ungepflegt. Hier überwintern aber vielleicht Insekten und Vögel finden Sämereien.

Einfach anfangen!

Jeder Garten kann naturnah sein. Bei einer Neuanlage können die richtigen Strukturen und Pflanzen von vornherein berücksichtigt werden. Aber auch alten Gärten, die bislang „ordentlich" gepflegt waren, kann man selbstverständlich neuen Schwung verleihen.

Thujahecken, Pflanzringe aus Beton oder Englischer Rasen müssen nicht unbedingt alle auf einmal entfernt werden, um hier ein Paradies für Insekten und Vögel zu schaffen. Mit wenig Aufwand kann der Garten nach und nach verändert werden. Es reicht schon, heimische Wildstauden zu pflanzen und Elemente wie Stein- oder Holzhaufen einzubringen. Mit ein paar Schubkarren Sand und Kies lässt sich an geeigneter Stelle ein Relief gestalten. Wer nicht alles auf einmal abmäht, sondern Teilflächen wachsen lässt, findet schnell heraus, ob im Rasen nicht vielleicht doch mehr als Gras wachsen möchte. Und die alte Thujahecke ist zumindest für Vögel nicht ganz unnütz, sie können sich hier gut verstecken oder sogar brüten. Nach und nach oder auch nur teilweise kann die alte Hecke durch eine gemischte Hecke für Vögel ersetzt werden.

Wohlfühl-Gärtnern

Erwiesenermaßen fördert der Aufenthalt in der Natur unser Wohlbefinden. Das gilt auch für Gärten. Im Grünen kann sich das Gehirn ganz nebenbei erholen, ohne durch bunte Blumen oder Vogelgezwitscher überfordert zu werden. Der Stress, Beete unkrautfrei und Rasenkanten gerade geschnitten zu halten, ist hausgemacht. Warum nicht ganz entspannt auf der Gartenbank sitzend beobachten, was so kreucht, fleucht, singt oder ruft, und die Eindrücke von Farbe, Duft, Sonne und Wind auf sich wirken lassen? Dass hier eine Blauschwarze Holzbiene vorbeifliegt oder ein Schwalbenschwanz auf der Wilden Möhre seine Eier legt, sollte einen stolz auf den Garten als ganz eigenes Naturreservat machen – und kein schlechtes Gewissen, weil die verblühten Samenstände noch nicht entfernt sind.

Ein naturnaher Garten verändert sich ständig, und dennoch bietet er nachhaltig Lebensraum für viele Pflanzen und Tiere. Die natürliche Dynamik lässt den Garten jedes Jahr ein wenig anders aussehen, manche Pflanzen verschwinden einfach, andere kommen neu dazu. Und mit ihnen vielleicht auch neue Tiere, vom Ohrwurm bis zum Rotkehlchen. Willkommen im Abenteuer Garten!

WAS FÜR EINE BELOHNUNG, DER SCHWALBENSCHWANZ HAT SICH FORTGEPFLANZT!

#machsnachhaltig

Eine wilde Ecke anlegen

Die Wilde Ecke ist schnell gemacht: Nicht benötigtes Material einfach liegen und wilde Pflanzen wachsen lassen, nur gelegentlich eingreifen.

Ein kleines Stück Wildnis ist in jedem Garten möglich. Für eine Wilde Ecke brauchst du nur ein paar Quadratmeter an einer wenig genutzten Stelle, wo die Natur sich selbst überlassen wird, wo einfach alles leben und wachsen darf – zumindest für einige Zeit. Die Fläche neben einem Komposthaufen oder hinterm Schuppen bietet sich an, oft liegen sie am vom Haus entfernten Ende des Gartens. Reisig von Baum- oder Heckenschnitt, Totholz oder Steine bereichern eine Wilde Ecke. Dabei musst du hier nicht aktiv gestalten und nichts extra pflanzen. Solch ein Refugium spart auch Arbeit, denn pflegendes Eingreifen ist nur zur Eingrenzung der Wilden Ecke nötig, die nachhaltig über Jahre bestehen bleiben sollte.

Nur mit Brennnesseln für Raupen und Puppen ...

Natur erleben

Spannend ist zu beobachten, was sich hier alles ansiedelt, je nach Standort und Boden. Eine Wilde Ecke an sonniger Stelle auf magerem Boden wird bunte Blumen hervorbringen. Die Samen von Disteln locken im Winter Vögel an. Gut nährstoffversorgter Boden, beispielsweise am Komposthaufen, ist ideal für Brennnesseln. Sie bieten zahlreichen Schmetterlingen Nahrung für ihre Raupen. Eine Sammlung von Nussschalen zeigt das Versteck einer Waldmaus, leere Schneckenhäuser nutzt vielleicht eine Schneckenhausbiene für ihre Brutkammern.

Übrigens: Für Wilde Ecken gibt es keine Mindestgröße. Auch kleine Flächen können sich entwickeln. Es könnte sogar mehrere Wilde Ecken im Garten geben, dann wird es noch spannender!

... gibt es auch Tagpfauenaugen im Garten.

Manchmal entwickelt sich auch einfach ein alter Brennholzstapel oder der Platz, wo die alten Pflasterplatten gelagert sind, zu einer Wilden Ecke. Ob du dann irgendwann mit viel Aufwand aufräumst, sollte gut bedacht werden. Vielleicht hat unter dem Holz ja ein Igel seine Kinderstube eingerichtet oder eine Zauneidechse den Steinhaufen als Revier bezogen.

Wie „wild" es hier zugehen darf, musst du selbst entscheiden. Und selbstverständlich müssen die Grenzen zum Nachbargarten berücksichtigt werden. Wuchernde Brombeeren sind nicht überall angebracht. In einem bodennahen Dickicht wohnen aber vielleicht Blindschleichen.

FEATURE

NO-GOS IM ARTEN-REICHEN GARTEN

Viele angeblich Arbeit sparende Gartengeräte haben eines gemeinsam: Sie verhindern Artenvielfalt. Insekten und andere Wirbellose werden direkt getötet oder ihre Lebensräume vernichtet.

Wo der Mähroboter fährt, gibt es keine Blumenwiese. Einige Modelle sind für Jungvögel, Amphibien oder Igel unmittelbar gefährlich, weil sie die Gefahr nicht erkennen. Auch ganz normale Rasenmäher, die in der Regel das Schnittgut und alles, was darin lebt, über die Sogwirkung der rotierenden Messer erfassen und sofort zerhäckseln, sind ungünstig. Wer Motorsensen und Freischneider verwendet, sollte zumindest vorher die Flächen nach Igeln absuchen. Laubsauger saugen nicht nur Blätter, sondern alle Kleinstlebewesen dazwischen mit auf. Sie schädigen die Tiere durch den Druck der Luft.

Wer auf solche Geräte verzichtet, schützt nicht nur die Artenvielfalt im Garten, sondern auch das Klima, indem Strom oder Treibstoff beim Betrieb, aber auch bei Produktion und Vertrieb gespart werden.

Mähroboter lassen Blüten und Insekten keine Chance.

DYNAMIK IM GARTEN

Ein Garten ist per Definition ein abgegrenztes Stück Land, in dem hauptsächlich Pflanzen gepflegt werden. Vom ursprünglichen Garten der ersten sesshaften Menschen, die selbst angebaute Nahrungsmittel auf gerodeten Flächen durch Einfriedung vor größeren Pflanzenfressern schützten, bis heute hat der Begriff Garten viele Inhalte bekommen, auch abhängig vom jeweiligen Kontinent oder Land und den verschiedenen Kulturen. Es gibt viele Typen von Gärten. Am häufigsten sind Hausgärten und Kleingärten, Letztere noch immer hauptsächlich zur Produktion von Gemüse und Obst für den eigenen Bedarf. Es gibt aber auch Schulgärten, Themengärten, Balkon- und Topfgärten und viele mehr. In Deutschland beträgt die durchschnittliche Größe eines Haus- oder Kleingartens etwa 500 Quadratmeter.

Nicht vergessen darf man, dass ein Garten immer ein künstlich angelegter Lebensraum ist, gestaltet nach dem Geschmack oder Bedürfnis des Besitzenden. Gärten können aber auch Lebensraum für viele Pflanzen und Tiere sein und unterliegen Wachstum und Entwicklungen.

Ganz ohne Regulation geht es nicht

Gärten sind flächenbegrenzt, daher muss in diese Dynamik zuweilen regulierend eingegriffen werden, beispielsweise durch Mahd von Wiese und Rückschnitt von Hecken. Manchmal müssen auch Pflanzen, die zu groß geworden sind oder sich durch Samen oder Ausläufer vermehrt haben, das Beet räumen. Statt auf dem Kompost oder in der Biotonne zu landen, können sie an anderer Stelle im eigenen oder Nachbargarten wieder eingepflanzt oder bei einer Pflanzentauschbörse getauscht werden. Unerwünschte Wildpflanzen

Naturschutz fängt vor der Haustür an!

und Wiesenschnitt dagegen eignen sich für die nachhaltige Kreislaufwirtschaft, indem sie auf dem Kompost verrotten dürfen. Nach drei bis vier Jahren ist wertvolle Erde entstanden, mit der die Nährstoffvorräte im Gemüsebeet wieder aufgefüllt oder je nach Bedarf Sträucher und Bäume gedüngt werden können.

Nicht überall kann alles einfach immer weiterwachsen.

Auch Reisig und Äste vom Gehölzschnitt zersetzen sich im Laufe der Zeit. Holz braucht jedoch länger als grüne Pflanzenteile. Reisighaufen, zum Beispiel in einer Wilden Ecke, lassen sich mit neuem Schnittgut immer wieder aufstocken. Hier finden Vögel versteckte Kleintiere und Nistplätze. Stammabschnitte oder Wurzeln, die als Gestaltungselemente wirkungsvoll im Garten platziert sind, verändern sich mit der Zeit ebenfalls. Der Zeitraum der Verrottung richtet sich nach der Holzart, aber auch beispielsweise dem Feuchtegrad und dem Befall mit Pilzen. Bei der Gestaltung mit Holzelementen muss der natürliche Zerfall berücksichtigt werden.

Störenfriede

Gelegentlich wachsen einem Pflanzenarten, die ursprünglich voller Vorfreude eingesetzt wurden, über den Kopf und breiten sich dann in starkem Ausmaß aus, auch außerhalb von Gärten, zum Beispiel über verschleppte Samen oder unschön in der Landschaft abgeladene Gartenabfälle. Oft sind es nicht-heimische Arten. Verdrängen solche Pflanzen in der freien Landschaft heimische Arten, weil sie vielleicht toleranter gegenüber einschränkenden Umweltbedingungen wie Wasser- oder Nährstoffversorgung sind, gelten sie als invasiv. Zu diesen invasiven Arten zählen beispielsweise der Japanische Knöterich, das Große Springkraut und die Kanadische Goldrute, aber auch eine Form des Sommerflieders, der über Selbstaussaat rasch neue Schösslinge treibt. Einmal im Garten können solche Arten oft nur mit großem Aufwand wieder entfernt werden.

Auch der heimische Giersch mit seinen langen Wurzeln kann lästig sein.

#machsnachhaltig

AUS SCHNITTGUT WIRD LEBENSRAUM

Pflegeeingriffe ergeben Gartenabfälle. Wer keinen eigenen Kompost hat, entsorgt sie in der Biotonne. Es muss aber gar nicht alles kompostiert werden. Es lohnt sich, erst mal andere Verwendungszwecke zu überdenken, bevor du den Hänger vollpackst und zum Wertstoffhof fährst.

Aus Ästen und Stöcken

Heckenschnitt ergibt tolle Verstecke oder sogar Nistplätze für Vögel. Je nach Länge und Verzweigung kannst du daraus Reisighaufen in verschiedenen Formen aufschichten. In Längsrichtung, vielleicht zwischen vertikalen Pflöcken, dient eine Reisigwand oder Benjeshecke zum Beispiel als Abgrenzung oder Sichtschutz oder verdeckt den Komposthaufen. Spaliere aus größeren Ästen als Gerüste für Kletter- oder Schlingpflanzen passen hervorragend in einen naturnahen Garten.

Manche Gehölze, zum Beispiel Weiden, schlagen aus Steckhölzern wieder aus. So entsteht kostengünstig ein lebender Zaun oder Sichtschutz mit einem weiteren Mehrwert für die Artenvielfalt. Sehr wahrscheinlich musst du bei einem lebenden Zaun jedoch regelmäßig die neuen Zweige verflechten oder mit der Schere in Form bringen.

Aus Stängeln und Gräserschnitt

Spätestens im April solltest du die alten Samenstände der Stauden im Beet kürzen, damit die neu wachsenden Austriebe Platz haben. Bis dahin haben sich über die kargen Wintermonate schon viele Vogelarten an ihnen gütlich getan. Aufrecht gelagert bieten die hohlen Stängel an anderer Stelle weiterhin Brutplatz für Wildbienen oder Unterschlupf für Wirbellose.

Struktur und Unterschlupf für viele Arten – und das Wegfahren des Schnittguts gespart.

ZAHLEN & FAKTEN

- Gartenabfälle liefern etwa ein Drittel (2020: 4,55 Mio. t) des Bioabfalls in deutschen Bioabfallbehandlungsanlagen.
- Aus 1 t Gartenabfall entsteht 500 kg Komposterde.

Heu, getrocknetes Wiesenschnittgut, das nicht zu Futter für Kaninchen und Meerschweinchen wird, kann als Heuhaufen eine besondere Struktur ergeben. Einen Hohlraum unten im Heuhaufen nutzt vielleicht ein Igel als Tagesversteck, auf der sonnenaufgeheizten Oberseite des Heuhaufens sonnt sich eine Eidechse. Für Vögel ist es eine erhöhte Singwarte und sie finden hier trockene Halme für den Nestbau.

Alles, was an Gartenabfall dann doch keine Verwendung mehr im eigenen Garten findet und in der Kompostieranlage landet, ergibt am Ende wertvolle Komposterde. In vielen Wertstoffanlagen kannst du Erde sozusagen wieder zurückkaufen – ohne zusätzliche Beigabe von Torf und meist günstiger als Blumenerde im Gartencenter.

Benjeshecken können sich mit der Zeit zu wertvollem Lebensraum entwickeln.

NEBENEINANDER, ÜBEREINANDER & DURCHEINANDER

Für größtmögliche Artenvielfalt müssen im Garten die Lebensbedingungen vieler verschiedener Tier- und Pflanzenarten erfüllt sein. Alles im Garten bietet Lebensraum – das muss man sich einfach mal klarmachen: Bäume, Sträucher und alle anderen Pflanzen sowie Elemente aus Holz, Stein oder sonstigem Material. Diese Strukturen bestehen aus verschiedenen Materialien, sind lebendig und wachsen oder sind unbelebt und beständig. Auch verschiedene Substrate wie Sand, Kies oder Erde sind Lebensraum für Pflanzen und Tiere, je nach Nährstoffgehalt, Feuchte und Konsistenz, was besonders für grabende Insekten und andere Tiere wichtig ist. Vertikale Strukturen haben Sonnen- und Schattenseiten, sodass hier verschiedene Mikroklimata entstehen, die wiederum eine Vielzahl an Pflanzen und Tieren ansprechen.

In der freien Natur ergeben sich diese kleinen Lebensräume manchmal nur für kurze Zeit, manchmal über Jahrzehnte oder sogar noch länger. Tiere und Pflanzen nutzen diese Gegebenheiten, wenn sie ihre artspezifischen Lebensbedingungen erfüllen. Alle Strukturen im Garten bieten für sich oder in Kombination unterschiedliche ökologische Nischen. Je größer die Nischenvielfalt, umso größer die Artenvielfalt.

Viel bringt viel

Ein strukturreicher Garten entsteht ganz einfach über die Gestaltung mit verschiedenen Elementen. Strukturreichtum ist das Zauberwort. Das fängt bei der Entscheidung für einen Obstbaum oder eine gemischte Hecke an und endet keineswegs mit dem Bau einer Trockenmauer. Unter der Hecke könnte es noch einen Reisighaufen geben, am Baumstamm einen Nistkasten und auf der Trockenmauer bietet eine Wurzel Verstecke für eine Vielzahl von Tieren.

Es ist offensichtlich, dass ein Garten mit eintöniger Rasenfläche und eckiger Thujahecke wenig zu bieten hat. Was aber tun, wenn man nun mal eine alte eingewachsene Hecke vom Vorbesitzer „geerbt“ hat? Schon ein mit Naturstein eingefasstes Beet, in dem Sträucher „mit Mehrwert“ für Vögel, also Dornen als Schutz und Beeren als Nahrung, und heimische Wildstauden für Insekten wachsen dürfen, wäre eine sinnvolle Ergänzung zur immergrünen Hecke im Hintergrund. Immerhin brütet vielleicht ein Grünfink in der Hecke! Wer einen Garten neu anlegt, sollte von vornherein anders gestalten und zum Beispiel statt Thuja oder Kirschlorbeer heimische, vogelfreundliche Sträucher wie Hasel, Weißdorn oder Kornelkirsche pflanzen.

Alles im Garten bildet Strukturen – je bunter und abwechslungsreicher, umso vielfältiger.

Ein paar Stammabschnitte sorgen für eine wertvolle Struktur und bereichern das Gartenbild.

Strukturen im Garten können immer wieder erneuert, bereichert und ergänzt werden. Der Fantasie sind hier keine Grenzen gesetzt. Statt ebenerdigem Gemüsebeet ein Hochbeet mit Natursteinmauer anlegen, schon sind Struktur und Funktion sinnvoll kombiniert. Sehr häufig ergeben sich Strukturen ganz nebenbei, wenn für Konstruktionen Material wie Natursteine oder Holz verwendet werden anstatt Beton, Stahl oder Kunststoff. Eine Wurzel oder eine Steinpyramide sind nicht einfach nur Dekoration, sondern ganz automatisch kommen Tiere, um hier Unterschlupf oder Nahrung zu suchen oder ein sonniges oder schattiges Plätzchen zu finden.

Strukturen kombinieren, Möglichkeiten potenzieren

Das häufige Argument, Artenvielfalt ginge nur in einem großen Garten, lässt sich leicht widerlegen. Strukturreichtum ist unabhängig von der Größe eines Gartens. Auf kleiner Fläche können viele verschiedene Mini-Lebensräume vorkommen, indem sie miteinander verbunden sind. Durch stehendes Totholz oder Fassadenbegrünung wird der Platz in verschiedenen Höhen ausgenutzt. Holz und Steine lassen sich auch auf kleiner Fläche wunderbar kombinieren. Ein Igelhaus im Steinhaufen mit Wurzel darüber benötigt nicht einmal zwei Quadratmeter. Darüber wächst dann noch ein Holunderbusch, und schon hat man auf kleiner Fläche ein großes Angebot an Versteckmöglichkeiten für Tiere am Boden, dazu Blüten für Insekten, Nistplatz und Beeren für Vögel.

Je strukturreicher ein Garten ist, umso mehr Tierarten können hier Platz zum Leben und Nahrung finden. Vor allem die Wirbellosen, am Ende wiederum Nahrung für Vögel, brauchen diese Lebensräume.

Strukturvielfalt geht auch in kleinen Gärten!

BEERENTRAGENDE STRÄUCHER – SCHLARAFFENLAND FÜR GARTENVÖGEL WIE DIE MÖNCHSGRASMÜCKE.

LEBEN IM HOLZ

Vögel und Holz – da denkt jede*r zunächst an Spechte, die bekanntlich ihre Baumhöhlen in Holzstämme zimmern. In Gärten mit großen, alten Bäumen sind Buntspechte tatsächlich häufig. In verlassene Spechthöhlen ziehen später Meisen oder Sperlinge ein, Fledermäuse nutzen sie als Sommerquartier oder Hornissen als Nistplatz.

Einige Tierarten leben buchstäblich im Holz, abhängig von dessen Beschaffenheit. Das sind meist Wirbellose, beispielsweise Käfer und Holzwespen, die ihre Eier direkt oder in Gängen im Holz ablegen. Die Larven nagen dann weitere Gänge ins Holz. Löcher im Holz zeigen, wo die Larvengänge enden und die erwachsenen Tiere ausgeflogen

Eine Buntspechtbrut im Garten ist schon was Besonderes.

sind. Solche verlassenen Fraßgänge nutzen Wildbienen als Brutkammern. Mit Glück sieht man den Buntspecht Larven aus dem Holz herauspicken. Wespen nagen an totem Holz, um aus den Fasern und Speichel eine papierähnliche Masse zu produzieren, mit der sie ihre Nester bauen. An Wespen- und Hornissennestern kann man oft unterschiedliche Farbtöne erkennen, je nachdem, von welchem Holz die Fasern stammen.

Für die meisten unserer Tiere im Garten wird Holz erst interessant, wenn die ganze Pflanze tot ist. Totholz sind aber nicht nur umgestürzte Baumstämme, auf denen Pilze wachsen. In abgestorbenen, stehenden Baumstämmen suchen Spechte nach Insektenlarven. Ausgefaulte Astlöcher, Rinden- und Holzspalten bieten Platz für die Nester anderer Vögel, zum Beispiel Baumläufer oder Trauerschnäpper. Auch Äste und Reisig sind Totholz.

Mulmholz

Je nach Baumart wird Holz schneller oder langsamer zersetzt. Dazu braucht es Pilze, die entweder als Parasiten den noch lebenden, aber geschwächten oder einen abgestorbenen Baum befallen. Morsches oder mulmiges Holz ist ein ganz besonderer Lebensraum. Bei der Weißfäule wird Lignin abgebaut und das Holz zerfällt buchstäblich in längliche Fasern. Braunfäule dagegen greift die Zellulose im Holz an, typisches Zeichen ist würfelartig brechendes Holz.

Für viele Tiere ist Holz erst mit beginnender Zersetzung weich genug für eine Weiterbearbeitung. Ameisen nagen Gänge für ihre Nester in morsches Holz. Auch unsere größte Wildbiene, die Blauschwarze Holzbiene, legt ihre Brutkammern in selbst genagten Gängen in mürbem, noch nicht morschem Holz an.

WAS IST HOLZ?

Holz entsteht, wenn die Pflanze Lignin in die Wand von Zellen einbaut, das sich mit Zellulose verbindet und die Zellwände festigt. Bäume, Sträucher und manche Kräuter verholzen im Stamm, aber auch in Zweigen, Wurzeln oder Samenschalen.

ZAHLEN & FAKTEN

- In Deutschland leben etwa 1350 Käferarten in Holz.
- Insekten(-larven) im Holz bleiben an der Zunge des Buntspechts kleben oder werden auf der Zungenspitze aufgespießt.
- Auch Meisen fressen Wildbienen und Wespen.

Während des Wachstums wird in den Zellen Kohlendioxid gebunden. In Holz, das als Baumaterial Verwendung findet, kann CO_2 mehrere Jahrhunderte gebunden sein. Im Laufe der Zersetzung wird es dann wieder freigesetzt. Je günstiger die Bedingungen für holzzersetzende Pilze, umso schneller läuft der Prozess ab. Im Garten ist unbehandeltes Holz ständigen Veränderungen durch Sonne (Wärme), Wind, Regen und Frost ausgesetzt. Elemente aus Holz müssen daher gelegentlich erneuert werden. Die verschiedenen Verwitterungsstadien mit ihren ganz eigenen Bedingungen bilden jedoch Nischen für unterschiedliche Arten von Pilzen und Tieren.

#machsnachhaltig

KÄFERKELLER, MULCHHÜGEL & CO.

Reisig und Holzscheite lassen sich toll kombinieren, einfacher geht's fast nicht.

Bei Pflegearbeiten an Hecken und Bäumen fallen im eigenen Garten Reisig und manchmal auch Stammabschnitte an. Vielleicht ist auch der Nachbar dankbar, wenn du ihm Schnittgut oder altes Brennholz abnimmst. Auch Reste von Bauholz kannst du verwenden, wenn sie unbehandelt und nicht gestrichen sind. Größere Totholzstämme und Wurzeln bekommst du im Garten- und Landschaftsbau oder frag doch mal beim örtlichen Bauhof oder die Betreiber einer nahegelegenen Sand- oder Kiesgrube.

Das kannst du konkret tun

- **Holzstücke, Stammabschnitte und dicke Äste** einfach aufschichten und liegen lassen.
- **Reisig** als Benjeshecke oder Wand längs aufschichten, immer wieder nachfüllen.
- **Wurzeln** als Hingucker im Beet platzieren, mit Steinen kombinieren oder als Rankgerüst für Kletterpflanzen aufstellen.
- **Baumstämme**, aufrecht aufgestellt, bilden auch in neuen Gärten sofort vertikale Strukturen. In hohlen Baumstämmen ein Einflugloch für Höhlenbrüter bohren und den Hohlraum von oben regendicht machen. Wenn du lange Zimmermannsnägel unten am Stamm einschlägst („igeln") und dann mit Steinen beschwerst, hinderst du den Stamm am Umfallen.
- **Eine Kuhle im Boden**, mindestens einen halben Quadratmeter groß und mehr als 30 cm tief, mit Totholzabschnitten in unterschiedlichem Zersetzungsgrad füllen, darüber weiteres Totholz oder Wurzeln stapeln. So entsteht ein Käferkeller, in dem sich Asseln, Käferlarven und vielleicht Kröten wohlfühlen.
- **Gehölzschnitt** landet oft im Häcksler. Auch gut, aber bitte nicht flächig als Mulch ausbringen, sondern als Hügel aufschichten. Hier quartieren sich vielleicht Käfer, Spinnen oder auch eine Blindschleiche ein.

Totholz – Lebensraum und Hingucker.

Ausfluglöcher von Käfern werden später von Wildbienen genutzt.

Totholzhaufen können immer wieder neu bestückt und damit reicher werden.

VON FELS BIS SAND

Ursprünglich fanden manche Vogelarten auf Felsvorsprüngen und in Nischen in Felswänden oder Erdformationen Platz für ihre Nester, vom Turmfalken bis zum Hausrotschwanz. In Siedlungen bieten Gebäude gelegentlich ähnliche Bedingungen, die sich die Vögel zunutze machen. Felsbrocken und Steine aller Art sind im Garten spannende Gestaltungselemente. Sie haben aber auch vielen unterschiedlichen Tierarten etwas zu bieten, vor allem Wirbellosen wie Spinnen, Asseln und Käfern oder Eidechsen. Und im Hohlraum eines großen Steinhaufens brütet vielleicht doch mal eine Bachstelze.

Steinreich

Im Lauf der Erdgeschichte entstanden aus Mineralien in unterschiedlicher chemischer Zusammensetzung feste Massen, die Gesteine. Gräbt man im Boden, stößt man irgendwann auf das anstehende Gestein, aus dem unter anderem über Verwitterungsprozesse der Boden entstanden ist. Im Hochgebirge oder an Hängen, wo sich kein Oberboden ansammeln kann, ist das Gestein als Fels sichtbar. Steine sind Teile von Gestein, kleiner als Felsbrocken (Gesteinsabbrüche). Mehr oder weniger runde, glatte Steine wurden durch ständige Bewegung und Abrieb in einem Fluss fein geschliffen. Kalksteine sind relativ weich und verwittern schneller als beispielsweise die sehr harten Steine aus Granit. Die meisten Steine sind jedoch sehr beständig. Steine können Sonnenwärme speichern. Unter Steinen ist es meist kühl und auch etwas feuchter, je nach Größe.

Industriell werden Natursteine in Abbaustellen gewonnen, Steine kommen aber auch in den oberen Bodenschichten vor. Lesesteinmauern bestehen aus Steinen, die bei der Bewirtschaftung von Äckern zutage gefördert und abgesammelt wurden. Kunststeine aus Beton haben weitgehend die gleichen Eigenschaften wie Natursteine, müssen jedoch erst hergestellt werden, und dabei gibt es auch Nachteile (Seite 42).

Baumaterial oder Gestaltungselement

Im Garten finden Steine beim Bau von vermörtelten oder trocken verlegten Mauern Verwendung, zum Beispiel an der Grundstücksgrenze, beim Abfangen eines Hanges oder als Einfassung von Hochbeeten. Treppen, Tritt- oder Pflastersteine können aus Naturstein sein. Kleine Felsen oder Findlinge als Gestaltungselemente lockern Beete auf. Als Blickfang, für Steinhaufen oder -pyramiden sind alle Steinarten geeignet. Für Mauern oder Pflaster sind Kalksteine nur bedingt verwendbar, sie könnten durch Frosteinwirkung zerfallen.

Zauneidechsen brauchen gut geschützten Sand zur Eiablage.

Kleinere Steine werden in Schotter oder Splitt (grobkantig) und Kies (rund, geschliffen) in unterschiedlicher Größe unterteilt. Als Sand bezeichnet man Substrat mit Korngrößen von 0,063 bis 2 mm. Sand kann unterschiedlichen Ursprungs sein, je nach Ausgangsgestein oder beispielsweise auch aus Muschelschalen. Zwischen den eckigen oder runden Körnern gibt es immer kleine Zwischenräume mit Luft, durch die auch Wasser ablaufen kann. Daher werden Schotter, Kies und Sand überall dort eingesetzt, wo sich Wasser nicht stauen darf, zum Beispiel als Gründungen von Trockenmauern oder Pflastersteinen. Abhängig von der Tiefe finden in den kleinen Zwischenräumen Wirbellose Unterschlupf.

Noch feinere Korngrößen bilden Schluff (0,002 bis 0,063 mm) und Ton (bis 0,002 mm). Bei diesen feinen Substraten wirken in den Zwischenräumen kapillarische und adhesive Kräfte: Der Boden ist nass, weil das Wasser festgehalten wird, oder im trockenen Zustand sehr hart, weil die Körner eng zusammenhalten.

Unter Mineralbeton versteht man ein Gemisch aus Schotter, Kies und Sand. Häufig werden Wege mit Mineralbeton befestigt. Das ist dann keine Bodenversiegelung, weil Regenwasser ablaufen kann. Im Naturgartenbau findet sogenannter Mineralbeton mit Nullanteil (Anteilen von Schluff und Ton) auch als Substrat für Beete Verwendung. Viele Wildblumenarten mögen diesen mageren Boden.

#machsnachhaltig

STEINHAUFEN & PSEUDOMAUERN

Mit Steinen kannst du schnell eine interessante Struktur im Garten schaffen, ganz einfach als Haufen oder wie eine Mauer, die aber nichts halten muss. Vögel setzen sich gerne auf erhöhte Punkte mit Rundumblick, ihre Hinterlassenschaften verraten sie jedoch.

Gesammelte Steine

Fast jede*r hat schon einmal am Strand, Fluss oder Wegrand einen besonders schönen oder auffälligen Stein eingesteckt. Zu Hause liegen sie dann auf der Fensterbank oder in der Küchenschublade. Warum nicht einen „Besondere-Steine-Haufen“ im Garten anlegen? Von jedem Spaziergang oder Urlaub kommt ein weiterer, vielleicht auch größerer Stein dazu (sofern erlaubt).

Wo Steine liegen, gibt es durch Sonnen- und Schattenseiten ein einzigartiges Kleinklima, in dem sich zum Beispiel Asseln und Tausendfüßer wohlfühlen. Für einen Steinhaufen ist Platz in jedem Garten. Unter einem Steinhaufen kannst du mit wenig Aufwand auch einen größeren Hohlraum einrichten, beispielsweise durch einen angeschlagenen Blumentopf aus Ton oder eine kleine Obstkiste. Mit größeren Bruchsteinen „verkleidest“ du ein Igelhaus. Eine Vertiefung bis in den frostfreien Erdboden hinein (50 bis 80 cm Tiefe), mit größeren und kleineren Steinen gefüllt, bietet Eidechsen und anderen Tieren ein Winterquartier. Achtung: Wasser darf sich hier nicht stauen! Steine sollten möglichst nicht zuwachsen, damit sie für Tiere zugänglich bleiben, die sich hier aufwärmen wollen.

Übrig gebliebene Pflastersteine machen auch als Steinhaufen was her.

Erdhügel mit Steinen verkleiden

Bei einer klassischen Trockenmauer sind die Steine nicht vermörtelt oder verputzt. Zwischen den Steinen gibt es Hohlräume, in denen Pflanzen und Tiere Platz finden. Damit eine echte Mauer stabil und funktionstüchtig ist, musst du ein paar wichtige Grundregeln beachten. Wasser muss ablaufen können, dafür werden meist ein Fundament aus Schotter und Kies unter und eine Drainageschicht hinter der Mauer angelegt. Die Steine müssen so geschichtet werden, dass eine leichte Neigung entsteht, indem der Mauerfuß breiter ist als die Mauerkrone. Binder und Läufer – längs und quer liegende Steine – müssen eingebaut sein und Fugen dürfen nicht direkt übereinanderliegen. Echte Trockenmauern sind handwerkliche Meisterwerke. Exaktere Informationen zum Trockenmauerbau gibt es in guten Fachbüchern. Am besten lässt du eine solche Mauer durch einen Fachbetrieb errichten.

Ganz leicht kannst du dagegen Steine wie bei einer Trockenmauer aufschichten, um damit einen niedrigen Hügel zu verdecken. Das ist dann keine echte Mauer, die Steine erfüllen als Lebensraum aber dieselbe Funktion.

Die Verkleidung aus Steinen sieht fast wie eine echte Mauer aus.

FEATURE

BETON ... UND WAS ER MIT CO_2 ZU TUN HAT

Beton ist vielseitig, aber künstlich. Erhärtender Zement (vorwiegend aus Kalkstein und Ton) hält Sand und Kies zusammen. Bei der Herstellung von Zement wird jedoch das im Kalk gebundene CO_2 freigesetzt. Der Anteil am weltweiten CO_2-Austoß pro Jahr durch Zementherstellung wird mit 6 bis 8 % beziffert.

Für Fundamente von Pfosten und Ähnliches ist Beton auch aus dem Garten wahrscheinlich nicht wegzudenken. Betonfertigteile in Form von Pflastersteinen, L-Steinen oder Pflanzringen können im naturnahen Garten jedoch durch andere Materialien wie Natursteine und Holz ersetzt werden. Das sieht nicht nur schöner aus, damit schafft man auch wieder Kleinstlebensräume für Artenvielfalt. Und man leistet einen Beitrag zum Klimaschutz!

L-Steine und Klimaschutz – ein Rechenbeispiel:

- Ein L-Stein aus Beton, unbewehrt grau, 40 x 80 x 40 cm, wiegt 86 kg.
- Zement pro L-Stein: 86 kg ÷ 5 = 17,2 kg
- Pro Tonne Zement werden etwa 590 kg CO_2 freigesetzt, das bedeutet 10,14 kg CO_2 pro L-Stein dieser Größe.
- Für eine 20 m lange Gartenmauer braucht man 50 L-Steine: 50 x 10,14 kg = 507 kg CO_2.
- Zum Vergleich: Ein Flug von Berlin nach Mallorca und zurück setzt pro Person etwa 610 kg CO_2 frei.

Natursteine statt L-Steine an Hängen bieten viel Potenzial mehr Natur.

#machsnachhaltig

SANDARIUM FÜR BIENEN ... UND SPATZEN

In Gärten ist offener, reiner Sand eher selten. Meist ist der Sand als anstehender Boden zumindest in der oberen Schicht mit Humus durchsetzt und bewachsen. In breiten Pflasterritzen oder sandigen Fahrspuren, wo Pflanzen keine Chance haben, tummeln sich im trockenen Staub dafür Spatzen. In einem Sandarium bietest du Spatzen ihren ganz eigenen Wellness-Bereich und ganz nebenbei anderen sandbewohnenden Tieren einen besonderen Lebensraum.

Am besten legst du ein Sandarium als umgrenzte Fläche mit einer Sandtiefe von mindestens 30 cm an. Günstig ist ein sonniger Platz, wenn es geht auch regensicher. Eine Mulde im Boden von etwa 40 x 40 cm reicht schon. Ein größeres Sandarium nutzt vielleicht auch eine Zauneidechse zur Eiablage. Das Sandarium muss nicht ebenerdig sein, mit einer Trockenmauer als Umrandung bringst du wieder eine vertikale Struktur in den Garten. Dafür eignet sich zum Beispiel auch eine Hanglage.

Etwa drei Viertel unserer heimischen Wildbienenarten bauen ihre Brutkammern im Boden oder an Steilkanten. Der Sand muss einerseits weich genug sein, dass die kleinen Insekten hier graben können, und andererseits aber stabil genug, dass die Röhren nicht zusammenfallen. Für Wildbienen reicht es schon, wenn du passenden Sand in einem großen Blumentopf oder sonstigen Behälter in die Sonne stellst; Wasser muss selbstverständlich ablaufen können.

RECYCLING-TIPP

Ein ausgedienter Sandkasten wird mit ein paar Steinen, Holz und Wurzeln im Handumdrehen zu einem Sandarium. Den gewaschenen Spielsand solltest du allerdings durch groben Bausand mit geringem Lehmanteil ersetzen oder damit mischen, sonst halten die Wildbienennester nicht.

Mögliche Gäste am Sandarium sind

- **Wildbienen**, zum Beispiel Gewöhnliche Bindensandbiene, eine der häufigsten Sandbienen in Gärten
- **Zauneidechse**, legt ihre Eier in sandigen, sonnenbeschienenen Boden
- **Laufkäfer**, zum Beispiel Goldschmied, ernährt sich unter anderem von Schnecken und Engerlingen
- **Ameisenlöwe**, Larve der Ameisenjungfer, baut kleine Trichter im Sand, an deren Grund er auf hineinfallende Insekten als Beute wartet
- **Haussperling und Feldsperling**, brauchen feinen Sand zur Gefiederpflege

Ein Sandarium lässt sich auch auf kleiner Fläche umsetzen.

Keine Pflanzen, keine Katzen

Zugewachsene Sandflächen erfüllen ihren Zweck als Lebensraum für viele Sandbewohner nicht mehr, daher ab und zu mal jäten. Und da Sand und offener Boden sehr attraktiv sind für Katzen – Hauptfeind Nr. 1 unserer Zauneidechsen – am besten ein Drahtgitter, dornige Zweige oder Äste über die Fläche legen, dass sie für Katzen unzugänglich wird.

Baden in feinem Sand ist Wellness für Spatzen.

NACH-WACHSENDES FUTTER

Gartenvögel fressen nicht nur Insekten, sondern auch Sämereien, Früchte und Beeren. Mit dem richtigen Angebot an Lebensraum und Strukturen im Garten ist auch Nahrung nachhaltig vorhanden: von Blattläusen und Raupen bis hin zu Körnern und Fallobst. Gutes Vogelfutter aus der Tüte besteht auch nur aus Samen!

IM EWIGEN KREISLAUF

Im naturnahen Garten werden die Jahreszeiten deutlich. Im Winter gibt es fast kein Grün, in vertrockneten Samenständen finden Wintervögel noch Leckerbissen, Insekten gibt es keine. Sie kommen erst wieder, wenn es im Frühjahr wärmer wird und der Garten zum Leben erwacht. Zum einen brauchen sehr viele Insekten grüne Pflanzenteile, Nektar oder Pollen als Nahrung, zum anderen ist ihre Aktivität von der Umgebungstemperatur abhängig. Da macht es dann Sinn, dass Hummeln und Bienen erst zum Erscheinen der ersten Blüten im Frühjahr unterwegs sind und Schmetterlinge fliegen und Eier legen, wenn die bevorzugte Raupenfutterpflanze gewachsen ist. Die meisten Insekten haben als erwachsenes Tier eine sehr geringe Lebensspanne von weniger als einem Jahr, oft nur wenige Wochen. In dieser Zeit, oft im Sommer, müssen sie sich fortpflanzen. Eine aus dem Ei geschlüpfte Larve verpuppt sich irgendwann und schlüpft als geflügeltes Insekt (vollständige Umwandlung) oder entwickelt während der letzten Häutung als Nymphe Flügel (unvollständige Umwandlung). Je nach Art überwintern sie ab dem Herbst als Larve bzw. Nymphe, Puppe oder erwachsenes Tier. Damit im folgenden Jahr wieder Insekten fliegen, müssen auch die Bedingungen für die Überwinterungsstrategie erfüllt sein, zum Beispiel Laub oder Altgras oder frostsichere Verstecke vorhanden sein. Beginnt das Pflanzenwachstum im Garten, sind auch (neue) Insekten wieder da.

Was gibt's im Winter?

Auch Spinnen, Schnecken und Würmer machen sich im Winter rar im Garten. Sie fallen in Winterstarre oder suchen frostsichere Quartiere. Reine Insektenfresser unter den Vögeln ziehen im Winter in wärmere Gegenden in Westeuropa oder noch weiter nach Süden. Und wer hier bleibt, muss den Speiseplan im Winter umstellen, Sämereien und noch übriges Obst bilden das Menü. Ausnahmen bestätigen die Regel: Zaunkönig, Wintergoldhähnchen oder Baumläufer finden auch im Winter zwischen Baumnadeln, Rindenspalten oder Laub kleine Insekten.

ZAHLEN & FAKTEN

- Engerlinge, die Larven der Maikäfer, leben bis zu 4 Jahre im Boden, bevor sie als erwachsene Käfer etwa 3 Monate umherfliegen.
- Regenwürmer verbringen den Winter in Kältestarre 40 bis 80 cm tief im Boden.

ROTKEHLCHEN BRINGEN IM WINTER FARBE IN DEN GARTEN.

#machsnachhaltig

TREFFPUNKT VOGELFÜTTERUNG

Ganz klar: Die Vögel im Garten zu füttern, das ist kein Naturschutz. Du hilfst damit einzelnen Individuen noch häufiger Arten – seltene Vögel kommen in Gärten eher nicht vor. Du holst dir aber über eine Futterstelle die Vögel sozusagen näher heran. An der Futterstelle kannst du Vögel gut beobachten, lernst Arten zu unterscheiden und kannst vielleicht ihr Verhalten einordnen. Und das geht auch das ganze Jahr über, nicht nur bei Frost und Schnee.

Im naturnahen Garten ist Fütterung nur eine Ergänzung, denn Nahrungstiere und Körner gibt es dort ja schon. Du musst Vögel nicht füttern, aber du darfst!

Wie überall im Garten ist auch bei Fütterungen Vielfalt angesagt. Manche Vögel suchen Nahrung hauptsächlich am Boden oder mögen es offener, andere können auch kopfunter an der Futterquelle fressen. Die einen bevorzugen feinere Sämereien, andere mögen gerne Obst oder Fett.

Je mehr verschiedene Futtersorten du an unterschiedlichen Futterstellen anbietest, umso mehr verschiedene Vogelarten werden bedient. Modelle mit einem Futterdepot haben Vorteile: Bei Futtersilos ist Futter portionsweise an Öffnungen für die Vögel zugänglich, ohne dass sie wie beim klassischen Futterhaus in den Körnern sitzen und sie verunreinigen können.

Fettkuchen sind eine energiereiche Winternahrung, die Meisen und einige andere Gartenvögel in unsere Nähe locken.

Selbst gemachte Futtersilos und Fettkuchen bieten den Vögeln Vielfalt und können als Girlande oder Baumbehang den Garten schmücken.

An Futterstellen konzentrieren sich Vögel und könnten sich gegenseitig mit Krankheitserregern anstecken. Daher sind bei der Vogelfütterung einige wichtige Regeln zu beachten:

- nur so viel Futter anbieten, wie auch gefressen wird
- Futterhäuser und -tische täglich säubern, Futterreste und Verunreinigungen entfernen
- flächige Futterstellen möglichst einmal pro Woche, Futtersäulen einmal pro Monat oder nach Bedarf mit heißem Wasser reinigen
- bei der Reinigung Gummihandschuhe tragen
- Futterstellen, vor allem am Boden, regelmäßig umsetzen, damit sich darunter kein Abfall ansammeln kann
- wenn du einen toten Vogel findest, die Fütterung einstellen; den Vogel in einer Plastiktüte im Restmüll entsorgen

ZAHLEN & FAKTEN

- Vögel an hängenden Futtersilos und Fettkuchen: Blaumeise, Kohlmeise, Haussperling, Star, Grünfink, Buntspecht, Kleiber, Erlenzeisig, Stieglitz
- Vögel an Futterstellen am Boden: Amsel, Singdrossel, Heckenbraunelle, Zaunkönig, Rotkehlchen, Buchfink

Du musst Vögel nicht füttern, aber du darfst!

FEATURE

DISTELN STATT FUTTERSILO

Der Stieglitz, einer unserer farbenprächtigsten Gartenvögel, zieht mit seinem spitzen Schnabel die feinen Samen aus verblühten Distelköpfen. Deshalb heißt er auch Distelfink. Besonders beliebt sind Karden (*Dipsacus* spec.), die auch im trockenen Zustand sehr stabil und haltbar sind. Häufig werden Disteln in Gärten spätestens bevor die Samen fliegen entfernt, geschweige denn über den Winter stehen gelassen. Schade, denn die Stieglitze nutzen nicht nur die Sämereien, sondern polstern ihr Nest auch mit der feinen Pflanzenwolle.

Damit Stieglitze im Winter trotzdem in den Garten kommen, bietet der Handel Distelsamen als Vogelfutter an. Die müssen in einen speziellen Futterbehälter mit kleinen Löchern gegeben werden. Geht auch, aber nachhaltig wäre, Disteln im Garten wachsen und bis zum Frühling stehen zu lassen. Distelblüten dienen als Nektar-Tankstelle für Hummeln und Schmetterlinge.

Verblühtes mit Samenständen ist eine wichtige Nahrungsquelle für Körnerfresser im naturnahen Garten.

FEATURE

WILDKRAUT, BEIKRAUT – UNKRAUT?

Ein Garten kann noch so künstlich geschaffen und angelegt sein, mit Glück findet die Natur trotzdem irgendwo eine Ritze, in der ein Mohnkorn keimen kann. Wenn du aufmerksam durch deinen Garten wandelst, wirst du viele Pflanzen finden, die du nicht gezielt ausgesät oder gepflanzt hast, sondern die auf einmal einfach da sind. Die Samen vieler Wildpflanzen können jahrelang im Boden überdauern und bei günstigen Bedingungen sprießen. Klatsch-Mohn beispielsweise wächst überall aus Erdhaufen an Baustellen. Selbst-angesamte heimische Pflanzen sind wertvoll. Oft gedeihen sie ohne großes Zutun sehr gut.

An manchen Stellen im Garten sind bestimmte Pflanzen aber einfach unerwünscht. Als Konkurrenten um Wasser und Nährstoffe kann man sie nicht immer brauchen, zum Beispiel im Gemüsebeet oder weil an deren Stelle etwas anderes wachsen soll. Pflanzen wie Kriechendes Fingerkraut oder Acker-Winde neigen zudem dazu, Flächen oder andere Pflanzen zu überwuchern.

Das wäre gutes Futter und Nistmaterial geworden.

VOM WERT HEIMISCHER WILDBLUMEN

Spätestens ab April locken Discounter und Baumärkte mit bunten Beetblumen zum Kauf. Häufig sind es hochgedüngte Zuchtformen von Pflanzen aus aller Welt. Für Farbtupfer im Beet, im Topf auf der Terrasse oder einfach als Lieblingsblume stehen sie fast in jedem Garten – Nektarpflanzen für Schmetterlinge sind die meisten dieser „Gartenblumen" nicht.

Als Bestäuber haben sich unsere heimischen Insekten im Laufe der Evolution mit heimischen Wildpflanzen zusammen entwickelt. Mit den Exoten können Insekten und andere Tiere im Garten oft nichts anfangen. Beispielsweise erreichen Schmetterlinge und Bienen möglicherweise den Nektar nicht – wenn die Zuchtformen überhaupt noch Nektar bilden. Schmetterlingsraupen verschmähen die Blätter oder Regenwürmer können das abgestorbene Pflanzenmaterial nicht verdauen. Für eine artenreiche Insektenwelt sind heimische Stauden, Kräuter und Sträucher unerlässlich.

WILDFORM ODER BUNTE ZÜCHTUNG?

Die heimische, weiß blühende Wiesen-Schafgarbe bedient mit Nektar und Pollen 28 verschiedene Wildbienenarten – im Gegensatz dazu kommen an die bunten Blüten der Zuchtform Gold-Schafgarbe nur drei Wildbienenarten.

Wildblumen brauchen sich nicht zu verstecken

Auch heimische Pflanzen eignen sich für tolle Kombinationen aus Farbe und Form im Blumenbeet. Viele Gärtnereien bieten heimische Stauden und Kräuter in ihrer ursprünglichen Naturform oder als naturnahe Sorten an. Im Gegensatz zu Exoten vermehren sich viele davon über selbst gewonnene Samen. Aus standortgerechten Samenmischungen wachsen bunte Säume wie in der freien Flur. Spannend ist zu sehen, wie sich im Lauf der Jahre die Zusammensetzung der Blumen verändert. Manchen gefällt ein Standort eben besser als anderen.

Natternkopf – besser als jeder Rittersporn aus dem Gartencenter.

Natternkopf statt Rittersporn

Es kann auch passieren, dass hochgedüngte Pflanzen für manche Tiere besonders lecker sind oder Züchtungen natürliche Abwehrstoffe verloren haben. Wie schnell ist der Rittersporn aus dem Baumarkt von Schnecken verputzt! Eine schöne Alternative zu Rittersporn ist der heimische Natternkopf. Die Samen des Natternkopfes benötigen offenen Boden, wo sie zu imposanten buschigen Pflanzen heranwachsen. Blaue Blüten gibt es bis in den Herbst, raue Blätter schrecken Schnecken ab und als besonderen Mehrwert liefert der Natternkopf die einzige Pollenquelle für eine als Natternkopfbienen zusammengefasste Wildbienengattung (*Hoplitis* spec.).

Geld sparen & Klima schützen

Wer auf nachhaltige Pflanzung oder Aussaat mehrjähriger Stauden im Beet setzt, ergänzt durch Pflanzen aus Samenanflug, spart Geld und trägt zum Klimaschutz bei. In der industriellen Gartenblumenherstellung kommen nicht nur Dünger, Pestizide und Wegwerf-Plastiktöpfe zum Einsatz, die Blumen werden fast immer in torfhaltigem Substrat herangezogen und müssen oft über lange Wege zu den Verkaufsstandorten transportiert werden.

OHNE MOHN KEINE MOHNMAUERBIENE

Im naturnahen, artenreichen Garten gibt es manche Besonderheit auch außerhalb der Vogelwelt zu entdecken. Viele Wildbienen und Schmetterlinge sind an ganz bestimmte Pflanzenarten, -gattungen oder -gruppen angepasst. Die Anpassung kann darin bestehen, dass die Raupen nur an dieser speziellen Pflanze fressen oder die Wildbiene nur diesen speziellen Pollen sammelt. Es gibt aber auch andere Spezialisierungen als über die Nahrung. Beispielsweise nutzen unterschiedliche Wildbienen verschiedenes Material, wie Blätter oder Pollen, beim Bau ihrer Brutnester. Als besondere Spezialisierung hat die Glockenblumenscherenbiene die Blüten von Glockenblumen als Bett für die Nacht auserkoren.
Wenn du diese Wildbienen oder Schmetterlinge im eigenen Garten beobachten möchtest, musst du auch die passenden Wildpflanzen willkommen heißen.

Ein Schmetterlingsei! Bald wird der Garten bunter.

Brennnessel

Die Raupen von Tagpfauenauge und Kleinem Fuchs fressen ausschließlich an Brennnesseln und könnten ohne deren Vorkommen nicht überleben. In einer Wilden Ecke stören Brennnesseln nicht und die Schmetterlinge können sich ungestört entwickeln. Weitere Schmetterlingsraupen an Brennnesseln sind beispielsweise die Larven von Admiral, C-Falter und Landkärtchen. Die ausgewachsenen Falter suchen dann Nektar an verschiedensten Blüten. Einige Brennnesseln immer wieder zurückschneiden, damit neue, junge Blätter wachsen, die bei den Raupen beliebter sind.

ZAHLEN & FAKTEN

- Brennnesseln: Über 30 heimische Schmetterlinge sind auf die Brennnessel als Raupenfutter angewiesen.
- Klatsch-Mohn: Die Samen können über 30 Jahre im Boden überleben, bevor sie keimen.

Klatsch-Mohn

Eine unserer wenigen knallroten Wildblumen, den Klatsch-Mohn (*Papaver rhoeas*), hat die Mohnbiene ausgewählt, um mit den seidigen Blütenblättern ihre Brutkammern im Boden auszukleiden. Ausgefranst wirkende Mohnblüten zeigen, wo die Bienen mit ihren Mundwerkzeugen Teile aus den Blütenblättern geschnitten haben. Außer Mohn werden auch die Blüten von Kornblume und Malve verwendet. Die Brutröhren liegen in sandigem Boden, die erwachsene Biene ernährt sich vom Pollen einer Vielzahl von Blumen.

Wiesen-Witwenblume

Die Wiesen- oder Acker-Witwenblume (*Knautia arvensis*), auch Knautie genannt, ist die Hauptpollenquelle der Knautien-Sandbiene. Daneben sammelt diese Nahrungsspezialistin auch Pollen an der Wald-Witwenblume (*K. dipsacifolia*). Der Pollen von Knautien ist rosafarben, sodass sich die Knautien-Sandbiene an ihren rosafarbenen Pollenhosen erkennen lässt. Außer Wiesen-Witwenblumen benötigt die Knautien-Sandbiene halbwegs offenen Boden an einem trockenwarmen Standort, um dort ihre Brutkammern anzulegen.

Wer knallrote Farbe im Garten möchte, sollte Mohn stehenlassen.

Witwenblumen spenden nicht nur der Knautien-Sandbiene Nektar.

NEKTAR, SAMEN & WINTERQUARTIER

Wer Vögel im Garten möchte, muss also auch Insekten das richtige Angebot machen. Viele Insekten im Garten ernähren sich von Nektar und Pollen aus Blüten. Pflanzen sollten daher von Frühjahr bis Spätherbst im Garten blühen.

Über Duftstoffe und Farben werden Insekten zu einer Nektarquelle gelockt. Um an die süßliche Flüssigkeit zu gelangen, bleiben Pollen an ihnen hängen, die sie dann zur nächsten Blüte mitnehmen und diese bestäuben. Der Nektar ist sozusagen die Belohnung für die Hilfe der Insekten bei der Bestäubung und somit Fortpflanzung der Pflanzen.

Aber auch der Pollen selbst dient als Nahrung. Wildbienen beispielsweise tragen in ihre Brutzellen Pollen als Nahrungsvorrat für die Larven ein. Je nach Art werden die Kammern teilweise auch mit Pollen verschlossen. Auch verschiedene Käferarten fressen Pollen.

Eine Blume ist aber nicht nur eine Pflanze mit einer bunten Blüte. An den grünen Pflanzenteilen fressen vielleicht Raupen und Käfer. Im Boden lebende Käferlarven knabbern an den Wurzeln. Abgeworfene Blätter ziehen Regenwürmer in ihre unterirdischen Gänge, um sie dort zu verspeisen. Im Schatten unter dem Blattwerk fühlen sich Schnecken wohl. Spinnen spannen ihre Netze zwischen Pflanzenteilen.

Samen sind mehr als Vogelfutter

Nach erfolgreicher Bestäubung bilden die meisten Pflanzen Samen, aus denen an geeigneter Stelle neue Pflanzen wachsen. Sehr feine Samen trägt der Wind davon, bei Samen von Disteln und Löwenzahn wird die Tragfähigkeit durch Flugkörper verstärkt – die Pusteblume lässt grüßen. Manche Pflanzen haben Mechanismen entwickelt, über die sie ihre Samen regelrecht in die Gegend schleudern oder streuen. Wieder andere Pflanzen lassen ihre Samen von Tieren transportieren, von Ameisen bis hin zu Vögeln, die sie über die unverdauliche Nahrung wieder ausscheiden. Es gibt auch Pflanzen, die sich über ober- oder unterirdische Ausläufer oder Tochterzwiebeln vermehren.

Schutz im Stängel

Nur wer verblühte Blumen nicht abschneidet, erlebt die Vielfalt an unterschiedlichen Samenständen. Bei Stauden sterben die oberirdischen Pflanzenteile nach erfolgreicher Samenausbildung ab oder verholzen. Solche Samenstände können sehr dekorativ die sonst kahlen Beete im Winter bereichern, zum Beispiel von Karde, Königskerze oder Doldenblütlern wie der Wilden Möhre.

In abgebrochenen oder abgeschnittenen Pflanzenstängeln finden Insekten und Wirbellose Unterschlupf in der kalten Jahreszeit. Somit tust du ein gutes Werk, wenn du im Frühjahr geschnittene Stängel an anderer Stelle noch aufrecht platziert stehen lässt, um den Entwicklungszyklus der Tiere nicht zu stören. Kleiner Aufwand – große Wirkung!

Im Sommer Nektarquelle für Schmetterlinge …

ZAHLEN & FAKTEN

- Nektar enthält verschiedene Zucker und ist energiereiche Nahrung für Insekten.
- Samen sind reich an Fett, das die Vögel für den Energiehaushalt im Winter benötigen.
- Raupen sind besonders eiweißreich, das ist wichtig für das Wachstum.

… im Winter Körnerbüffet für Stieglitze.

#machsnachhaltig

GEHÖLZE, BEETE & WIESEN

Strukturen bieten Lebensraum – je mehr Strukturen im Garten angelegt sind, umso mehr Artenvielfalt ist möglich. Aber wer nutzt jetzt was und was passt in meinen Garten?

Von Baumhöhlen bis Früchte

Bäume bieten besonders viel für die Tierwelt: kleine und große Lebensräume in und an Stämmen, Ästen und Zweigen und in Baumhöhlen; Nahrung in Blüten und in Form von Früchten. Eine wertvolle Bereicherung für jeden Garten sind Weiden. Sie wachsen schnell, vertragen auch rigorose Rückschnitte, können in Form geschnitten werden, blühen reich und früh im Jahr. An Weiden finden sich zahlreiche Insekten und ihre Larven. Klar, Weiden musst du regelmäßig schneiden, vor allem in kleineren Gärten. Die Reiser kannst du dann andernorts wieder verwenden, als Reisighecke oder -Wigwam oder vielleicht als Flechtzaun für Begrenzungen oder Sichtschutz.

Von Dornen & Stacheln bis Beeren

Sträucher kommen in Gärten einzeln stehend oder als Hecke vor. Hecken sind häufig dichter als Solitärgehölze. Ökologisch sind gemischte Hecken aus heimischen Straucharten eintönigen grünen Wällen aus Thuja oder Kirschlorbeer vorzuziehen. Mehrwert für Vögel haben Sträucher mit Dornen oder Stacheln (darin gebaute Nester sind vor Räubern geschützt), Beeren tragende Sträucher (Nahrung) und Immergrüne, die auch im Winter Deckung bieten. Viele Sträucher vereinen mehrere dieser Eigenschaften, die Blüten bieten zudem Nektar für Insekten.

Blumen in Beeten und Töpfen

Blumen kommen überall im Garten vor, vor allem in dafür vorgesehenen Beeten und Töpfen. Manche Blühpflanzen leben nur eine Saison, andere bilden erst im zweiten Jahr eine Blüte und wieder andere sprießen jedes Jahr wieder. Bei Stauden sterben die oberirdischen Teile im Herbst häufig ab, bei Kräutern verholzen die vorjährigen Stängel. In einem Beet pflanzt du die meisten Blumen selbst ein. Hier können heimische Stauden auch mit exotischen Lieblingen in guter Mischung, nebeneinanderstehen. Dazwischen vielleicht noch selbst ausgesamte Wildblumen. Zwischen den Pflanzen bleibt möglicherweise noch offener Boden für Wildbienen oder Spatzen.

MIT MEHRWERT FÜR VÖGEL

- Sträucher mit Dornen und Stacheln: Weißdorn, Schlehe, Rose
- Sträucher mit Beeren: Felsenbirne, Kornelkirsche
- Immergrüne Sträucher: Liguster, Eibe

Rasen & Wiese

Rasen und Wiesen bestehen vorwiegend aus Gräsern, durchmischt mit Blumen. Ein Rasen wird regelmäßig relativ kurz gehalten, aber auch im Rasen können Blumen vorkommen, allen voran Gänseblümchen und Ehrenpreis. Eine Wiese musst du ein bis dreimal im Jahr mähen. Durch Staffelmahd, indem du abschnittsweise mähst, kann im Garten beides vorkommen.

Teile einer Wiese solltest du auch im Winter oder sogar über mehrere Jahre stehen lassen, denn hier überwintern Insekten in verschiedenen, oft mehrjährigen Stadien. Trockene alte Grashalme dienen zudem als Nistmaterial, Grassamen werden von vielen Gartenvögeln gefressen. Die Ähren von Gräsern sind dekorativ in bunten Blumensträußen.

#machsnachhaltig

BLÜTENREICHE WIESE STATT RASEN

Je magerer der Boden, umso artenreicher ist die Wiese. Die meisten (Ober-)Böden in Gärten sind sehr nährstoffreich. Pflanzen ziehen Nährstoffe aus dem Boden und bauen sie in ihre Blätter und Blüten ein. Über Verrottung werden die Nährstoffvorräte wieder aufgefüllt. Wenn du mit einem Rasenmäher mähst, wird das Gras aufgefangen und auf dem Kompost oder im Wertstoffhof abgeladen. Dann wird der Boden magerer. Häufig wird der Rasen jedoch wieder gedüngt, damit er schön grün bleibt.

Und wenn es neben grün auch bunt zugehen soll? Einfach Blumensamen zwischen das Gras streuen? Das würde wahrscheinlich gar nichts bringen. Die Gräser im Rasen können ein sehr dichtes, verfilztes Wurzelgeflecht knapp unter der Bodenoberfläche bilden, Samen hätten wahrscheinlich kaum eine Chance, guten Bodenkontakt zu erlangen. Doch es gibt mehrere Möglichkeiten, eine artenreiche Wiese zu erhalten:

1 **Rasen entfernen**

Rasen mit Wurzeln in der obersten Bodenschicht entfernen, mit sandhaltigem Boden oder Mineralbeton auffüllen, Wiesensamenmischung ausbringen. Im ersten Jahr wachsen Gräser, Einjährige und die Rosetten mehrjähriger Blumen.

Ein Blühwiesenring um den Baum bringt ohne viel Platzbedarf Farbe und Leben in den Garten.

Über Rasenwege lässt sich die blütenreiche Wiese gut erkunden.

3 Nachhelfen
Damit sofort bunte Blumen blühen, einzelne Wildstauden und Blumenzwiebeln einpflanzen. Bei dieser Methode ergänzen die Pflanzen die Saat oder eine bereits bestehende Wiese mit ausgewählten Stauden. Wo offene Bodenstellen entstanden sind, vielleicht durch abgestorbenes Gras bei Trockenheit, statt Rasen- dann Wiesenblumensamen aussäen.

Damit es Wiese bleibt, musst du ein bis dreimal im Jahr mähen und das Mähgut entfernen. Aber erstmal etwas liegen lassen, damit Tiere „auswandern“ und Samen ausfallen können.

2 Rasen entwickeln lassen
Wenn der Rasen nicht mit Pestiziden und Dünger „gepflegt“ wurde, gibt es vielleicht auch schon Blumen. Vor der Blüte kam bisher einfach der Rasenmäher. In Teilen den Rasen wachsen lassen, zu unterschiedlichen Zeitpunkten mähen (Staffelmahd) und schauen, wie es sich entwickelt. Wiese ohne Aufwand kann funktionieren, dafür brauchst du aber Geduld – und es funktioniert auch nicht immer.

Am passenden Standort zählen Schachbrettblumen zu den frühen Blüten im Jahr.

GEMÜTLICH NISTEN UND VER-WEILEN

Nahrung ist nicht alles. Eine Futterstelle im Schottergarten auf Unkrautvlies bringt gar nichts. Nur wenn Vögel auch den richtigen Platz für ihr Nest, Schutz und Deckung im Garten finden, fühlen sie sich wohl, bleiben vielleicht und fangen an zu brüten.

LAUSCHIGE NISTPLÄTZE

Ein naturnaher Garten mit reichlich Nahrung ist für Vögel sicher attraktiv. Ohne Nachwuchs wären sie dennoch bald verschwunden, also muss der richtige Platz für ein Nest her! Und natürlich das richtige Nistmaterial für den Bau.

Viele unserer Gartenvögel brüten in Höhlen. Natürlicherweise sind das Baumhöhlen, entstanden durch ausgefaulte Astabbrüche oder von Spechten gezimmert. Spechthöhlen gibt es nur dort, wo Bäume mit einem ausreichend dicken Stammdurchmesser und Spechte vorkommen. Als Ersatz für natürliche Baumhöhlen brüten Meisen, Spatzen und Stare gerne in künstlichen Nisthilfen. Weniger lauschig, dafür aber sehr beliebt sind bei Staren größere, freistehende Kästen mit einem Einflugloch von mindestens 35 mm. Der typische Starenkasten hängt 2–4 m hoch an einer langen Latte. Höhlenbrüter sind jedoch wenig anspruchsvoll und nutzen alle Arten von Hohlräumen, beispielsweise unter Dachziegeln (Sperlinge), hinter Verkleidungen (Mauersegler) oder in Briefkästen (Meisen).

Hausrotschwanz, Amsel und Rotkehlchen mögen es am Nest etwas heller. Nischen und Vorsprünge, zum Beispiel auf Balken und Brettern, sind daher für diese Vögel ideal. Sie nehmen gerne Nistkästen in Beschlag, bei denen entweder die Vorderseite nur halb geschlossen ist oder in die Licht durch mehr als ein Loch einfällt. In Höhlen sind Eier und Jungvögel sicherer vor Fressfeinden als in frei liegenden Nestern.

Was sich als Nistplatz eignet, wird genutzt!

Typisch: Nester zwischen Blättern

Der Großteil der Gartenvögel baut Nester jedoch frei in Bäumen, Büschen und Sträuchern. Die meisten Nester sind geformt wie ein Napf oder eine Schüssel, oft gefüllt mit weicherem Material. Lage und Nistmaterial verraten, welcher Vogel hier gewohnt hat. Amsel und Singdrossel bauen eine offene Halbkugel aus trockenen Halmen, feinen Reisern und Laub. Die Singdrossel verputzt dann noch die Innenseite mit einem Brei aus Holzfasern und Speichel. Buchfink und Wintergoldhähnchen legen ihre Eier in eine tiefe Mulde in einem Nest aus Gras, feinen Wurzeln und Moos. Außen wird das Nest mit Flechten getarnt, die sie mit Spinnweben „ankleben". Das Buchfinkennest liegt meist in einer Astgabel in Stammnähe, Nester vom Wintergoldhähnchen an der Unterseite von Fichtenzweigen. Das Nest des Zaunkönigs wiederum ähnelt einer Mooskugel mit seitlichem Eingang. Oft liegt es gut versteckt in dichtem Fassadengrün, einer dichten Nadelhecke oder einem dichten Reisighaufen. Für Zaunkönig oder Rotkehlchen könnte eine Nisttasche aus umgebogenem Reisig interessant sein.

Geschützt und gut getarnt

Für die meisten Freibrüter gibt es keine künstlichen Nisthilfen. Ihnen hilft es, wenn Sträucher und Hecken immergrün oder mit Dornen versehen sind. Je dichter der Sichtschutz oder je sperriger der Strauch, umso sicherer ist der Platz für Nest und Nachwuchs. Manche Vögel wie die Elster bauen sich selbst einen Sichtschutz, indem sie ihr Nest aus Reisig überdachen. Eine Ausnahme bilden Ringel- und Türkentauben. Oft sind die Nester gut zu sehen und so dürftig aus Reisern locker zusammengesetzt, dass die Eier gerade nicht hindurchfallen, aber von unten erkennbar sind.

Nistkästen sollen auf jeden Fall katzen- und mardersicher aufgehängt werden. Als Abwehr an Baumstämmen sind Katzenabwehrgürtel aus Metall im Handel, dornige Zweige erfüllen denselben Zweck und sind häufig optisch unauffälliger.

Ein origineller Kasten für Spatzen, Zaunkönig oder auch Hummeln.

Mit ein paar Nadelzweigen lässt sich eine raffinierte Nisttasche für den Zaunkönig formen.

#machsnachhaltig

DIE RICHTIGE VOGELWOHNUNG

Einen einfachen Kleinvogel-Nistkasten kannst du leicht selbst bauen. Die Größe ist dabei nicht ganz so wichtig, als Mindestmaß für den Innenraum gilt jedoch etwa 14 cm für die kürzeste Bodenseite und 23–25 cm für die vordere Höhe. Spatzen und Stare nehmen gerne etwas größere Kästen, die sie mit allerlei Halmen, Blättern und Pflanzenteilen vollstopfen. Wichtig sind dann die Proportionen.

So geht's:

1. Die Teile aus unbehandeltem Holz zuschneiden. Damit alles zusammenpasst, auf Folgendes achten:
   - Seitenteile und Rückwand haben die gleiche Breite
   - Frontbreite = Breite der Rückwand abzüglich der Brettstärke beider Seitenwände
   - Bodenbreite = Frontbreite
   - Bodentiefe = Breite der Seitenwände abzüglich der Brettstärke der Front
   - Dach mit Überstand vorne und an den Seiten

2 Das Einflugloch bohren. Der Durchmesser des Einfluglochs bestimmt, welche Vogelart hier brüten könnte:

- Blaumeise: 25 mm
- Kohlmeise: 28 mm
- Haussperling: 32 mm
- Star: 45 mm

Größere Einfluglöcher lassen sich mithilfe einer Metallplatte mit kleinerem Loch verkleinern, hier hat auch ein Specht keine Chance, das Loch aufzuhacken. Halbhöhlen- oder Nischenbrüter mögen es etwas heller im Nest. Mehrere Löcher lassen mehr Licht in den Kasten und sind katzensicherer als eine echte Halbhöhle mit halboffener Front.

3 Die Montage: Zuerst die Front zwischen die Seitenteile setzen, dann den Boden einschieben und befestigen, anschließend die Rückwand anbringen. Zuletzt das Dach so aufsetzen, dass es mit der Rückseite abschließt, aber an allen anderen Seiten übersteht.

Kleinvogelnistkästen – hier können verschiedene Vogelarten einziehen.

4 Einen Nistkasten möglichst mit dem Einflugloch nach Osten (oder Nord- bzw. Südosten) so aufhängen, dass Katzen, Marder oder Waschbären nicht heranreichen können. Nistkästen passen in Bäume, an Hauswände oder lange Pfosten.

TIPP

Den Kasten so aufhängen, dass du von einem Fenster aus das Treiben der Vögel gut beobachten kannst.

#machsnachhaltig

NISTMATERIAL:

HALME, MOOS & WOLLE

Baumaterial finden die Vögel in einem naturnahen, nicht penibel aufgeräumten Garten reichlich: trockene Halme und Blätter, feine Reiser, Würzelchen, Moos, Pflanzenfasern wie Distelwolle, gelegentlich Federn und vieles andere. Wenn du beobachten möchtest, wer welches Nistmaterial sammelt, kannst du Moos, Halme, Federn, Schafwolle usw. in einem grobmaschigen Behälter im Garten aufhängen. Geeignet sind zum Beispiel Meisenknödelhalter. Meisen zupfen auch Fasern aus Fußmatten oder Kokosmatten, die im Winter Topfpflanzen vor Frost schützen. Auch Tierhaare werden gesammelt. Hühnerfedern finden sich oft in den unordentlichen Nestern von Spatzen. Stare sammeln so ziemlich alles. Du kannst zuschauen, wie sie immer wieder besonders lange Fasern, Stöckchen oder auch grüne oder bunte Pflanzen sehr auffällig am Nest präsentieren. Damit versuchen die Männchen, eine Partnerin auf sich und ihren tollen Nistplatz aufmerksam zu machen.

Moos und Wolle sind bei vielen Vogelarten beliebter Baustoff.

Meise mag Moos

Meisennester bestehen fast ausschließlich aus Moos. Die Vögel werfen so lange Moosteilchen in einen Nistkasten, bis eine dicke Schicht entstanden ist, in der sie sich ihre Nistmulde formen. Die wird dann noch mit Tierhaaren oder Wolle gepolstert und ist so tief, dass man die kleinen Eier nicht sehen kann, wenn gerade kein Altvogel darauf sitzt. Kohlmeisen überbauen für ihre zweite Brut oder im Folgejahr ein altes Nest mit neuem Moos. Wenn der Abstand zwischen Nestoberkante und Einflugloch zu klein wird, um vor Nesträubern sicher zu sein, verlassen sie einen Kasten. Daher sollten Meisenkästen im Herbst oder Winter gereinigt werden.

Großreinemachen im Herbst

Bei der Nistkastenreinigung und wenn Bäume und Büsche ihre Blätter verloren haben und du Nester sehen kannst, lässt sich erkennen, wo welches Material verbaut wurde. Besonders spannend ist das für Kinder, wenn sie bunte Wolle wiederentdecken. Stare säubern ihre Kästen im Frühjahr selbst. Nester in Hecken und Sträuchern solltest du dort belassen, denn sie werden häufig im nächsten Jahr wieder genutzt.

Eine Kugel aus übrig gebliebenem Drahtgeflecht ist als improvisierter Material-Spender schnell gebaut.

Die Spannung wächst, wer holt sich hier ein Polster?

Nistkästen am besten im Herbst reinigen, damit im Frühjahr wieder Platz ist.

Mehl- und Rauchschwalben bauen ihre Nester aus Lehm- oder Erdklümpchen. Wenn sie keine matschigen Pfützen finden, nutzen Mehlschwalben, die übrigens immer außen an Gebäuden nisten, auch künstliche Schwalbennester.

#machsnachhaltig

DIE „FELSNISCHE“ AM HAUS

Einige ursprünglich in Felswänden brütende Vogelarten haben einen Ersatzlebensraum in menschlichen Siedlungen gefunden, wo sie an Gebäuden ähnliche Strukturen nutzen. Zu diesen Gebäudebrütern zählen solch spektakuläre Arten wie Turm- und Wanderfalke, Weißstorch oder Dohle und Schleiereule. Aus der Reihe der Gartenvögel gelten zum Beispiel Mehlschwalbe, Mauersegler, Hausrotschwanz und Haussperling als Gebäudebrüter. Amsel und Hausrotschwanz stellen an den Nistplatz recht geringe Ansprüche: Trocken und sicher muss er sein. Die Vögel nisten zum Beispiel auf Balken unter Giebelvorsprüngen, Überdachungen von Terrassen oder Carports. Auch auf einem Regal im Schuppen kann ein Nest liegen, sofern die Einflugmöglichkeit dauerhaft gegeben ist. Rotkehlchen nutzen ebenfalls gelegentlich solche unkonventionellen Standorte.

Das kannst du konkret tun, um Vögel zum Nisten einzuladen:

- **Je nach Platz längere oder kürzere Bretter unterhalb von Balken anbringen, sodass in den Zwischenräumen Nischen entstehen. Das geht auch in Ecken über die Diagonale. Ein Halbhöhlenkasten mit offener Vorderseite erfüllt denselben Zweck und ist leicht aufzuhängen.**
- **Zugang für Katzen oder Marder versperren**
- **Nistmaterial anbieten (mehr dazu auf der voherigen Seite)**

Und dann nicht vergessen:

Beobachten!

Ein einfaches Brett reicht, wenn es breit genug für ein Nest ist und geschützt liegt.

Wichtig: Nisthilfen katzen- und mardersicher anbieten!

IN DECKUNG!

Durch Wegfliegen können Vögel vielen Gefahren entkommen. Zum Rasten, Schlafen und für ihren Nachwuchs brauchen sie dennoch vor Fressfeinden geschützte Plätze im Garten. An Menschen gewöhnen sich die Vögel. Das zeigen Bruten in der Nähe von Hauseingängen, in Garagen oder an Terrassen. Die Vögel können zwischen Alltagsaktivitäten und der Störung beispielsweise durch eine lauernde Katze gut unterscheiden. Katzen sind in Gärten für Vögel die größte Gefahr. Bereits die Anwesenheit einer Katze kann verhindern, dass Altvögel zum Nest fliegen und ihre Jungen füttern.

Feinde mit Fell und Federn

Im naturnahen Garten mit Hecken, Sträuchern, hohen Stauden und Wiese können an jeder Ecke Katzen versteckt auf vermeintliche Beute warten. Katzen sitzen aber auch ganz offen zum Beispiel an Futterstellen. Dichte Hecken und Sträucher, möglichst mit Dornen oder Stacheln bewehrt, bieten Vögeln guten Schutz. Weitere Bodenfeinde sind beispielsweise Steinmarder. Ausgewachsene Kleinvögel bis Taubengröße sind Hauptbeute des Sperbers, der im Flug jagt. Sperber können aber einen Spatz auch aus der Hecke „pflücken". Das ist dann schon eine spektakuläre Beobachtung vor der eigenen Haustür! Eier und Jungvögel finden sich im Beutespektrum von Elstern, Eichelhähern und Krähen, aber auch von Eichhörnchen oder gelegentlich Spechten. Alle Fressfeinde, bis auf die Hauskatze, gehören zum natürlichen System. Sie sind keine Bedrohung für unsere häufigen Gartenvögel. Die hohe Katzendichte in Siedlungen ist jedoch menschengemacht. In einem Hausgarten können sich mehr als ein Dutzend Katzen aus der gesamten Nachbarschaft tummeln.

ZAHLEN & FAKTEN

- Rund 16 Millionen Hauskatzen leben derzeit in Deutschland, davon etwa 11 Millionen freilaufend.
- Durchschnittlich bringt eine Katze im Jahr etwa vier erlegte Vögel nach Hause – die Dunkelziffer erbeuteter Vögel liegt dreimal so hoch, da nicht alle Beutetiere heimgebracht werden.
- Bereits die Anwesenheit einer Katze im Garten kann Vogeleltern vom Nest fernhalten.

Hauptfeind Nr. 1 für Gartenvögel: Katzen!

Die unsichtbare Gefahr: Fensterscheiben

Die andere große Gefahr in Siedlungen besteht in der Kollision mit Glasscheiben. Gerade im Erdgeschoss von Häusern mit Gärten gibt es häufig große bodentiefe Fenster. Im Glas spiegeln sich Garten oder Himmel. Von den Vögeln wird hier das Hindernis Glasscheibe dann nicht erkannt und sie fliegen dagegen.

Oft erfolgt der Anflug aus kurzer Entfernung und die Vögel verletzen sich nicht, sie sitzen benommen auf der Terrasse und fliegen kurz darauf weiter. Erschöpften Zugvögeln und Vögeln auf der Flucht, beispielsweise vor Katzen, kann die harte Scheibe aber auch zum Verhängnis werden.

Das Risiko lässt sich leicht minimieren, indem die Scheibe für die Vögel sichtbar gemacht wird. Am besten eignen sich dazu außen in etwa handbreiten Abständen zueinander angebrachte Markierungen. Eine einzelne Greifvogelsilhouette bringt hier nichts. Kleine Punkte, halbtransparente Streifen oder UV-reflektierende Folien sind dafür geeignet, ebenso Insektenschutzgitter. Auch der Staub auf den Scheiben kann das Glas sichtbar machen, so komisch es klingt: Nicht so oft Fenster putzen hilft den Vögeln!

#machsnachhaltig

REISIG-WIGWAM

In den meisten Gärten gibt es keine Hügel oder Steilwände, fast alle Beete liegen ebenerdig und nur Bäume, Sträucher und manche Stauden wachsen in die Höhe. Bäume und Sträucher sind in Bodennähe weniger dicht als im Kronenbereich. Mit Reisig und auch Schnittgut von Stauden im Frühjahr errichtest du ganz leicht einen Hingucker mit umgekehrten Proportionen im Garten, der Deckung und vielleicht Nistplatz für Rotkehlchen und Zaunkönig oder ein Igelversteck bietet.

1. Größere Äste und Zweige als Grundgerüst zu einem Wigwam aufstellen, eventuell mit Draht oder Bindfaden stabilisieren.
2. Von außen weitere Zweige, Äste oder verholztes langes Schnittgut anlehnen, um den Wigwam weiter zu formen. Das ganze Jahr über kann daran weitergebaut werden.
3. Den Innenraum mit kürzeren Ästen und Zweigen füllen, sodass ein Dickicht entsteht. Wer will, kann darunter einen Hohlraum für Igel schaffen, zum Beispiel mit einer umgedrehten Obstkiste. Das Innere des Wigwams kannst du auch mit Laub füllen.
4. Kletter- oder Schlingpflanzen, die sich um das Gerüst winden, bereichern den Garten zusätzlich.

Reisig als Wigwam aufgeschichtet bringt auch eine vertikale Struktur ins Gartenbild.

Waldreben bilden ein enges Dickicht und bieten im Herbst Sämereien.

Efeu – immergrüne Deckung für Spatzen das ganze Jahr.

Igel schlüpfen selbst in kleine Hohlräume.

KEIN SPIELHAUS

In einem Reisig-Wigwam für Tiere sollten Kinder besser nicht spielen. Zum einen brauchen die Tiere eine gewisse Ungestörtheit, zum anderen müsste ein Spielhaus eine sichere Stabilität aufweisen. Besser den Kindern einen eigenen Wigwam aus Weitenruten bauen; die frischen Weiden können sogar ausschlagen.

LEBENSELIXIER WASSER

Ohne Wasser wächst (fast) nichts. In Zeiten des Klimawandels macht es jedoch Sinn, sich bei der Gartengestaltung und Bepflanzung Gedanken zu machen, woher denn zum Beispiel Gießwasser kommen kann und ob man nicht besser auf Pflanzen setzt, die auch mit trockeneren Perioden zurechtkommen.

Vögel brauchen Wasser zum Trinken und Baden. Vor allem die Körnerfresser unter den Gartenvögeln müssen täglich trinken, und das auch im Winter. Alle Vögel müssen ihr Federkleid sauber halten, denn nur mit intaktem Federkleid kann ein Vogel fliegen. Zur Gefiederpflege nutzen Vögel Wasserstellen aller Art, manche „duschen" auch im Regen oder „baden" zwischen nassen Blättern. Haus- und Feldsperlinge reinigen ihre Federn von Parasiten zusätzlich in feinem Staub.

Erfrischend und unbedingt notwendig für ein intaktes Federkleid: Wasser.

Die meisten Vögel tauchen beim Baden in Wasser nie ganz unter, sondern benetzen Teile des Gefieders durch Flügelschlagen mit Wasser. Dafür brauchen sie einen festen Stand. Nach dem Bad richten die Vögel ihre Federn mit dem Schnabel und lassen sich in der Sonne trocknen.

ZAHLEN & FAKTEN

Wie unsere Haare oder Fingernägel bestehen Federn aus Horn. Bei intakten Federn greifen feine Haken und Bögen ineinander und bilden eine Fläche.

Die beste Variante für Wasser im Garten ist ein Teich. Hier gibt es nicht nur Wasser zum Trinken und Baden, sondern reichlich Strukturen und Nischen für zahlreiche Arten, von Flohkrebsen im Wasser über Libellen bis hin zu Fröschen, von Tannenwedel bis zu Sumpfschwertlilie. Wichtig ist, dass die tiefste Stelle möglichst frostfrei tiefer als 80 cm liegt.

Die Anlage eines Teiches, in der Regel mit Folie, ist schon eine aufwendige Angelegenheit und nicht

Teiche, egal wie groß, bieten mehr als Wasser!

für jeden Garten geeignet. Lage und Form müssen durchdacht geplant werden. Wo sollen Teichmummeln blühen, gibt es eine Sumpfzone? Welche Folie ist am umweltfreundlichsten, wo bekommt man die in der richtigen Größe her? Und wie groß muss die Folie überhaupt sein? Viele solcher Fragen sollte man am besten mit einem Fachbetrieb besprechen, bevor man sich ans Werk macht.

Je nach Alter und Zustand eines Teiches müssen Blätter und Algen entfernt, Röhricht zurückgeschnitten oder Schlammablagerungen am Teichboden entfernt werden.

Miniteiche in Becken oder Fässern finden auch Platz in kleinen Gärten oder auf Terrassen. Sie sind leicht einzurichten und lassen sich notfalls auch schnell wieder abbauen.

Nicht nur Vögel

Auch andere Tiere kommen zum Trinken, im Garten beispielsweise Igel – die übrigens sehr gut schwimmen können. Fledermäuse trinken an größeren Wasserflächen im Überflug, ähnlich wie Schwalben. Es kommen auch Insekten wie Bienen und Wespen ans Wasser, um zu trinken. Häufig sieht man sie auf Steinen, Blättern oder Hölzern am Ufer sitzen.

Alle Wasserstellen sollten von Regenwasser gespeist sein. Ständiges Nachfüllen mit Leitungswasser ist nicht nachhaltig. Wasserstandschwankungen in Teichen sind normal. Gegebenenfalls sollte bei extremer Trockenheit der Teich mit in einer Zisterne gesammeltem Regenwasser wieder aufgefüllt werden.

#machsnachhaltig

PLITSCH, PLATSCH!

TRÄNKEN FÜR VÖGEL & CO.

Fast alle Tiere können schwimmen oder sich zumindest eine Zeit lang über Wasser halten. Dennoch stellen offene Wasserstellen im Garten eine potenzielle Gefahr zu ertrinken dar. Egal ob Teich oder Regentonne, Ausstiegsmöglichkeiten für Tiere sind ein Muss!

Flache Ufer

Bei Teichen sollte zumindest ein Ufer sehr flach auslaufen. Hier können Vögel und andere Tiere das Wasser zum Trinken erreichen. Vögel begrüßen eine gewisse Offenheit und Übersicht, das gibt ihnen beim Baden Sicherheit. Bei der Ausrichtung des flachen Ufers die Windrichtung beachten: Auf dem Wasser angewehte Samen und Pflanzenteile werden über Wellen durch Wind ans Ufer getrieben, wo sie relativ schnell dichtmachen.

Ausstiege

Bei Wasserbecken mit steilen Außenwänden, Miniteichen und Regenfässern besteht die Gefahr, dass sie auch für Tiere, die schwimmen können, zur Falle werden. Baue aus Steinen im Wasser an der Wand eine Art Treppe oder lege stabile Bretter oder Äste als Ausstieg vom Wasser über den Beckenrand. Wenn flache Ufer nicht möglich sind, brauchen auch Naturteiche solche Ausstiegsmöglichkeiten.

Sicherheit für Kinder

Wasseroberflächen kannst du durch Gitter knapp unter der Oberfläche oder einen stabilen Zaun um den Teichbereich sichern. Regentonnen möglichst mit einem Deckel verschließen. Sinnvoll ist es, Kinder mit einem Teich vertraut zu machen und ihnen das richtige Verhalten beizubringen.

Platz ist im kleinsten Vogelbad!

Insektentränken können sehr dekorativ sein.

Vogeltränke und Vogelbad

Vogeltränken, in denen Vögel oft auch baden, sind im Handel in allen möglichen Ausführungen erhältlich. Wichtig sind auch in diesen meist kleinen Becken flache Ränder oder Ausstiegsmöglichkeiten. Als Vogeltränke reicht bereits ein großer Topfuntersetzer oder eine flache Schüssel, in deren Mitte du einen schwereren Stein platzierst. Der Stein verhindert, dass das Gefäß umkippt, bietet aber auch eine Sitzgelegenheit für die Vögel. Die innere Oberfläche sollte rau sein, damit die Vögel hier festen Stand beim Benetzen ihres Gefieders haben. Bäder und Tränken für Vögel müssen regelmäßig gereinigt und mit frischem Wasser aufgefüllt werden.

Insektentränke

Für Insekten sind Tränken buchstäblich kinderleicht eingerichtet: Eine flache Schale oder einen Blumentopf mit Kies und Steinen füllen, mit Moos abdecken und nochmal Steine darauflegen, vielleicht noch einen dekorativen kleinen Ast einbauen, fertig! Das Moos saugt sich mit Wasser voll, hier können die Insekten trinken, ohne dass sie ins Wasser fallen können. Auch Insektentränken müssen regelmäßig gesäubert und das Wasser aufgefüllt werden.

UND JETZT: GENIESSEN!

Ein naturnaher Garten bietet viele Möglichkeiten, sich zu erholen und vom Alltag abzuschalten. Wer nicht jedes unerwünschte Pflänzchen entfernt, kann die Zeit nutzen und beobachten, welche Vögel in den Garten kommen, was sie fressen, wo sie brüten. Artenkenntnis und Verständnis für die Natur werden dabei gefördert, und das nicht nur bei Kindern.

BLAU WIE DIE BLAUMEISE

Direkt vor dem Fenster ist der ideale Ort, mit der Vogelbeobachtung zu beginnen. Das Artenspektrum ist hier begrenzt und viele der häufigen Gartenvögel sind schon bekannt. Durch genaueres Hinschauen lernt man, weitere Arten zu unterscheiden. Eine Futterstelle hilft, denn hier verweilen die Vögel gut sichtbar. Bei uns nur zur Brutzeit anwesende Zugvögel verraten sich dann eher über ihren Gesang.

Die meisten unserer Gartenvögel lassen sich an einem oder wenigen Merkmalen in Aussehen, Gesang oder Verhalten sofort erkennen. Jeder merkt sich solche Besonderheiten anders, beispielsweise über ein fotografisches Gedächtnis, über Eselsbrücken oder lautmalerische Sätze beim Gesang.

ZAHLEN & FAKTEN

- Etwa 250 verschiedene Vogelarten brüten in Deutschland.
- 70 Vogelarten kommen im Winter als Gäste.
- 35 Vogelarten sind nur auf dem Zug in Deutschland zu sehen.

Gefiederfarbe, Größe & Gestalt

Die kleine Blaumeise beispielsweise ist der einzige heimische Vogel mit blau-gelber Gefiederfärbung. Einzelne blau-schwarz gestreifte Federn trägt sonst nur der viel größere Eichelhäher. Die Kohlmeise dagegen ist gelb-schwarz gefärbt, mit einer weißen Wange im schwarzen Gesicht. Das Rotkehlchen ist eindeutig an der rostroten Kehle erkennbar. Ein anderer kleiner Vogel im Gestrüpp mit ähnlich kugeliger Gestalt sitzt mit hochgerecktem Schwanz: eindeutig ein Zaunkönig. Die Mönchsgrasmücke kommt als Zugvogel erst im Frühjahr ins Brutgebiet zurück und sitzt gerne in dichten Sträuchern, von wo man ihren charakteristischen Gesang hört. Bekommt man sie zu Gesicht, erklärt sich sofort der Name Mönchsgrasmücke, denn die grauen Männchen tragen eine schwarze Kappe, die Weibchen eine braune.

Sinnvoll kann es sein, sich die wohlbekannte Amsel mit ihrem pechschwarzen Federkleid als Größenvergleich einzuprägen. Später lassen sich Vögel dann in größer und kleiner als eine Amsel einteilen und merken.

Manchmal sind Vögel individuell erkennbar, zum Beispiel eine Amsel mit weißen Federpartien oder eine Kohlmeise mit einem besonders breiten Bruststreifen.

Nur wer genau hinschaut, erkennt zwei Meisenarten.

An der „Blesse“ lässt sich diese Amsel individuell erkennen.

Vogelstimmen

Für Anfänger empfiehlt sich, Vogelstimmen nicht am frühen Morgen im Mai lernen zu wollen. Jetzt finden die besten Vogelkonzerte statt, weil die Männchen zu Beginn der Brutzeit mit ihrem Gesang Weibchen anlocken wollen und ihre Reviere anzeigen. Dazu singen die Vögel vor allem rund um die Zeit des Sonnenaufgangs, wenn es zur Nahrungssuche noch zu dunkel ist. Für Ungeübte ist es allerdings schwierig, einzelne Arten aus diesem fantastischen Event der Natur herauszufiltern. Den Gesang oder Ruf einer Art lernt man am besten, wenn man den singenden Vogel sieht oder von einem erfahrenen Vogelbeobachter gezeigt bekommt.

Über Melodie und Strophen, manchmal auch in Kombination mit einem bestimmten Verhalten, kann man Vögel am Gesang bestimmen. Die Amsel singt ihr melodiöses Lied in flötenden Schnörkeln fast immer von einer erhöhten Warte, zum Beispiel einem Hausgiebel oder einer Baumspitze, sodass es weit hörbar ist. Auch Singdrosseln nutzen Warten, ihr Gesang besteht jedoch aus einzelnen Motiven, die jeweils zwei- bis dreimal hintereinander wiederholt werden. Der Hausrotschwanz singt ebenfalls von Hausgiebeln, ist jedoch kleiner als Amsel oder Singdrossel. Der Gesang besteht aus gequetschten und knirschenden Strophen, die wie aneinanderreibende Kieselsteine klingen. Der Zilpzalp ruft dagegen seinen Namen wie „zip-zap, zip-zap".

In Bestimmungsbüchern wird der Gesang oft über Silben, als aufsteigend, abfallend oder über Stimmungen beschrieben. Merksätze wie „Bitte noch ein Weizenbiiiiier" für den Gesang des Buchfinken kann sich jeder selber ausdenken oder abgucken. Der Gesang von Ringel- und Türkentaube ähnelt sich sehr, allerdings ruft die größere Ringeltaube mehr „huh" (fünfteilige Strophe: „gu-guh-gu, guh-gu") als die kleinere Türkentaube (dreiteilige Strophe: „gu, guuh-gu").

Der Kleinste singt am lautesten: Zaunkönig.

Am Baumstamm kopfunter? Klar, Kleiber!

Verhalten

Einhergehend mit einer ganz bestimmten Lebensweise (Einnischung, Seite 10) zeigen manche Vogelarten besonderes Verhalten. Der relativ bunte Kleiber beispielsweise sucht Insekten und deren Larven vorwiegend an Baumstämmen und Ästen. Er ist der einzige unserer heimischen Gartenvögel, der am Stamm kopfunter klettert. Der Gartenbaumläufer sucht ebenfalls an der Rinde nach Nahrung. Er ist aber zum einen kleiner als der Kleiber, mit rindenfarbenem Gefieder, zum anderen hüpft er spiralförmig um einen Baumstamm aufwärts. Oben angekommen, fliegt der Baumläufer zum Stammfuß des Nachbarbaums und klettert wieder in Spiralen aufwärts. Haus- und Feldsperlinge sind sehr sozial und nie alleine unterwegs. Lautes Tschilpen aus einer dichten Hecke verrät den Trupp.

Spuren und Zeichen

Auch wenn Vögel nicht zu sehen oder zu hören sind, lässt sich ihre Anwesenheit im Garten über Hinterlassenschaften feststellen. Eine Feder kann man einer Art vielleicht noch zuordnen, bei Kothäufchen wird das schon schwieriger. Dafür deuten Kleckse darauf hin, wo Vögel sich häufig aufhalten, einen Sitz- oder Schlafplatz haben. Dann lohnt sich der Blick nach oben, vielleicht ist der Vogel ja gerade da. Fußspuren in Schlamm oder Schnee können regelrecht Geschichten erzählen: Ist der Vogel mit beiden Beinen gehüpft oder mit rechtem und linkem Fuß abwechselnd gelaufen? Wo ist er gelandet oder abgeflogen? Fraßspuren, beispielsweise an Fallobst, erkennt man an kleinen Löchern, die beim Picken mit dem Schnabel im Fruchtfleisch zurückbleiben. Ein Vorrat an Sonnenblumenkernen in einer Rindentasche stammt wahrscheinlich von einem Kleiber, der sich an der Futterstelle bedient und Kerne für später weggetragen hat.

Spannende Extras

Aufmerksamen Beobachtenden fallen die Ankunft oder der Abflug von Zugvögeln wie Zilpzalp, Rauchschwalbe oder Mauersegler auf, ebenso Gäste am Futterhaus im Winter, zum Beispiel Erlenzeisige oder Bergfinken. Schöne Naturerlebnisse liefern Vogelkinder, die im Garten noch einige Tage von den Eltern gefüttert werden.

Die meisten Vogeljungen werden auch nach dem Verlassen des Nestes noch gefüttert.

WAS SONST NOCH KREUCHT UND FLEUCHT

Je öfter ein Garten mit offenen Augen und Ohren besucht wird, umso mehr Pflanzen und Tiere scheinen hier vorzukommen. Einfach, weil man genauer hinschaut.

Vögel und Schmetterlinge lassen sich noch am einfachsten kennenlernen, weil sie häufig sehr unterschiedlich aussehen. Bei Insekten wird es richtig schwierig, denn viele nah verwandte Arten ähneln sich, und selbst Arten aus ganz anderen taxonomischen Gruppen sorgen für Verwirrung, wenn beispielsweise Schwebfliegen die schwarz-gelbe Färbung von Wespen nachahmen. Allein bei den Wildbienen, Wespen und Schwebfliegen gibt es mehrere Hundert!

Käfer – ein weites, aber auch faszinierendes Feld. Hier stürzt sich der Pinselkäfer ins Distelvergnügen.

Zu allen Artengruppen gibt es gute Bücher, die bei der Bestimmung weiterhelfen. Auch Apps helfen, die eigene Artenkenntnis zu erweitern. Am besten lässt sich immer noch von einem erfahrenen Artenkenner lernen, der eine Pflanze oder ein Tier erkennen und Hinweise zur Lebensweise geben kann. So eröffnen sich Zusammenhänge zwischen Lebensraum und Arten, die bei der Gartengestaltung weiter berücksichtigt werden können.

Im naturnahen Garten kommen einige Arten sehr häufig und weit verbreitet vor. Sie lassen sich relativ leicht bestimmen – ein guter Anfang.

Hummeln, Hornissen und solitäre Wildbienen

Hummeln sind ein schöner Einstieg in die Insektenbestimmung. Sie sind relativ groß, gut zu unterscheiden und zu beobachten, wie sie gemächlich von Blüte zu Blüte fliegen. Die Gartenhummel ist die häufigste Hummel in Gärten, die sehr ähnlich aussehende Erdhummel die größte. Am einfachsten zu erkennen ist die Steinhummel mit ihrem orangeroten Hinterende am sonst schwarzen Körper.

Die beeindruckende Hornisse ist die größte heimische Wespe und weit friedvoller als einige der kleineren Verwandten. In der Nähe des Nestes sollte man jedoch besser nicht stören.

Zu den häufigen Hummeln zählt die Dunkle Erdhummel.

Die Rote Mauerbiene ist eine der häufigen Wildbienenarten, die auch künstliche Nisthilfen nutzen. An Wildbienenhotels lassen sich tolle Beobachtungen machen, zum Beispiel wenn Männchen auf gerade geschlüpfte Weibchen oder eine parasitierende Goldwespe auf frisch gebaute Wirtszellen warten.

Schmetterlinge und Nachtfalter

Das Tagpfauenauge mit seinen vier „Augen" auf den Flügeln ist der wahrscheinlich bekannteste Tagfalter in Gärten. Der größere Admiral zählt zu den Schmetterlingsarten, die wie Zugvögel ziehen. Der Kleine Fuchs ist sehr farbenfroh gemustert mit blauen Punkten entlang der äußeren Flügelränder. Der Schwalbenschwanz gilt oft als „Wappen" für naturnahe Gärten. Die grasgrünen, rot und schwarz gemusterten riesigen Raupen fressen an Doldenblütlern wie der Wilden Möhre, die erwachsenen Falter bevorzugen rotviolette Blüten wie die Flockenblume. Unverkennbar ist der schwarz-weiße Schachbrettfalter. Seine Raupen ernähren sich von Gräsern, zwischen denen sie im Raupenstadium auch überwintern.

Ein auffälliger Nachtfalter ist der Ligusterschwärmer. Der Name deutet schon an, dass die Raupen an Liguster fressen. Es gibt auch Nachtfalter, die tagaktiv sind, wie das Blutströpfchen (oder Sechsfleck-Widderchen). Als Futterpflanze der schwarz-gelben Raupen, die manchmal sogar zwei Winter in diesem Stadium durchleben, dienen Klee- und Wegericharten.

Auch das Taubenschwänzchen ist eigentlich ein Nachtfalter. Die großen Schwärmer mit dem

Ohne Altgras im Garten gibt's auch keine Schachbrettfalter.

kolibriähnlichen Flug „stehen“ in schwirrendem Flug vor Blüten, aus denen sie mit ihren langen Rüsseln Nektar saugen.

Heuschrecken und Grillen

Zirpen und Zirren aus Wiesen wird von Heuschrecken und Grillen erzeugt. Über Reiben verschiedener Körperteile entstehen die metallischen Geräusche. Häufig ist in Gärten der Bunte Grashüpfer zu finden, wo Gräser wachsen dürfen. Nachtaktive Heuschrecken wie das Grüne Heupferd erkennt man an den langen Fühlern.

Fledermäuse

Die Zwergfledermaus ist die häufigste Fledermausart in Siedlungen. Sie ist so klein, dass sie in Spalten passt, die nur etwa einen Finger breit sind. Eine der häufigen, größeren Fledermausarten in Gebäuden ist das Große Mausohr.

Reptilien

Zauneidechsen könnten in naturnahen Gärten sehr häufig vorkommen. Leider werden sie oft zur Beute von Katzen, wenn die wechselwarmen Eidechsen am Morgen oder an kalten Tagen noch nicht so agil sind. Besonders schön sind die farbenprächtigen Männchen. Zauneidechsen fressen Insekten und Spinnen.

Die Blindschleiche liebt etwas wildere Ecken mit Dickicht am Boden. Sie ist keine Schlange, sondern näher mit den Eidechsen verwandt und ernährt sich hauptsächlich von Regenwürmern und Nacktschnecken.

Igel

Igel ernähren sich von Insekten, Würmern und Schnecken. Sie sind nachts unterwegs und verraten sich häufig durch schnaufende oder hustende Geräusche. Igel brauchen Tagesverstecke und frostsichere Winterquartiere. Der Winterschlaf dauert etwa von November bis April.

Maulwurf

Maulwurfshaufen zeigen, wo die unterirdischen Gänge der kleinen Insektenfresser mit dem dichten schwarzen Pelz liegen. Im Gegensatz zu Wühlmäusen fressen Maulwürfe keine unterirdischen Pflanzenteile, sondern hauptsächlich Regenwürmer. Für die legen sie sogar extra Vorratskammern an. Wer Maulwurfshügel hat, bei dem stimmt der Boden, denn dann gibt es auch Regenwürmer.

Der Name ist Programm bei der winzigen Gartenspitzmaus.

Spitzmaus

Leises Fiepen aus dichter Vegetation verrät die Anwesenheit von Spitzmäusen. Damit sie ihre Jungen im Dunkeln nicht verlieren, halten die Tiere sich mit der Schnauze am Schwanz des Vordermanns fest. Spitzmäuse ernähren sich ebenfalls ausschließlich von Insekten.

Ohrwürmer, Asseln und Tausendfüßer

Sie scheuen das Tageslicht und brauchen Verstecke unter Steinen und Holz. Nachtaktive Insektenfresser wie Igel und Spitzmaus gehen an entsprechenden Stellen im Garten auf Beutezug. Während der Ohrwurm ein Insekt ist (sechs Beine), zählen die Asseln mit ihren sieben Beinpaaren zu den Krebstieren. Tausendfüßer haben keine tausend Füße, aber immerhin doch einige Hundert, mit denen sie sich in der Laubschicht fortbewegen.

Spinnen

Die häufige Gartenkreuzspinne erkennt man an der hellen Kreuz-Zeichnung auf dem Rücken, wenn die Tiere in der Mitte ihres radförmigen Netzes sitzen und auf Beute warten, die sich dort verfängt. Zebraspinnen sind deutlich größer, ihr Name rührt von der gelb-schwarz gestreiften Färbung.
Wolfsspinnen bauen keine Netze, sondern laufen über Steine, Holz und eher offenen Boden. Hier erbeuten sie kleine Wirbellose, indem sie Beutetieren hinterherjagen.

Die häufige Gartenkreuzspinne baut ein „klassisches“ Spinnennetz.

#machsnachhaltig

JEDE*R ALS BÜRGERWISSENSCHAFTLER*IN

Wer einmal damit begonnen hat, Vögel genauer zu betrachten, wird jede Gelegenheit dazu nutzen. Und irgendwann vielleicht auch Beobachtungsdaten systematisch sammeln. Hier kommen Citizen-Science-Projekte ins Spiel.

Wer genau hinschaut, entdeckt bei der Stunde der Wintervögel vielleicht auch eine Schwanzmeise.

Für Neulinge ...

Zu den bundesweiten Aktionen rund um Gartenvögel zählen die „Stunde der Wintervögel“ und die „Stunde der Gartenvögel“. An den seit 20 Jahren vom Naturschutzbund Deutschland (NABU) und dem Landesbund für Vogel- und Naturschutz in Bayern (LBV) durchgeführten Mitmach-Veranstaltungen beteiligen sich jährlich mehr als 50 000 Vogelfreunde und -freundinnen, die über eine Million Vogelsichtungen festhalten.

An jeweils einem Wochenende im Januar und Mai werden Naturbegeisterte aufgerufen, für eine Stunde die Vogelarten in einem Garten oder Park zu beobachten. Gemeldet wird dann die höchste Anzahl pro Art, die gleichzeitig gesichtet wurde.

Das Fernglas ist am Fenster zum Garten immer griffbereit!

Über die Auswertung der gesammelten Daten ergeben sich Trends für einzelne Arten, an denen die Vogelkundler ablesen können, wie es um Amsel, Drossel, Fink und Star bestellt ist. Die langjährigen Beobachtungsreihen und die Vielzahl an Teilnehmerinnen und Teilnehmern leveln mögliche Erhebungsfehler wieder aus. An diesen beiden Citizen-Science-Projekten kann jede*r Bürger*in teilnehmen, unabhängig vom Stand der Artenkenntnis. Es hat sich gezeigt, dass sich die Artenkenntnis bei wiederholter Teilnahme stetig verbessert, ganz einfach, weil genauer hingeschaut wird.

Eine weitere, seit nunmehr über 50 Jahren bekannte Aktion ist die Wahl zum Vogel des Jahres. Jedes Jahr nominieren NABU und LBV eine in Deutschland heimische Vogelart, um auf ein bestimmtes mit dieser Art verbundenes Naturschutzproblem aufmerksam zu machen. Zum 50-jährigen Jubiläum konnte erstmals die Bevölkerung ihren Lieblingsvogel aus 356 Arten küren, gewonnen hatte ein Gartenvogel, das Rotkehlchen. Seither stellen sich pro Jahr fünf von einem Fachgremium ausgewählte Vogelarten als Kandidaten.

… und Fortgeschrittene

Für Hobby- und professionelle Vogelkundler*innen steht mit www.ornitho.de eine Plattform zur Meldung von Vogelbeobachtungen zu Verfügung. Ornitho gibt es mittlerweile in etlichen europäischen Ländern. Die verantwortlichen Organisationen sind eng miteinander vernetzt, denn Vögel kennen keine Staatsgrenzen. In Deutschland betreibt der Dachverband Deutscher Avifaunisten (DDA) die Plattform. Die Daten werden zudem verwendet, um beispielsweise Änderungen von Zugzeiten oder -routen oder der Verbreitung einer Art zu erkennen, aber auch zur Entwicklung von Schutzmaßnahmen. Über Computer oder Smartphone lassen sich ganz eigene langjährige Beobachtungslisten zusammenstellen, beispielsweise auch für den eigenen Garten.

RICHTIG GEMACHT FÜR HAUSROTSCHWANZ & CO.

Das Gartenjahr mit Vögeln ist nie langweilig, sondern immer bunt und abwechslungsreich.

Mit wenig Aufwand kann unseren häufigsten Gartenvögeln alles geboten werden, um sich im Garten wohlzufühlen und zu brüten. Die Lebensweisen von zum Beispiel Amsel, Blaumeise und Stieglitz sind sehr unterschiedlich – sie alle können aber selbst in kleinen Gärten gleichzeitig vorkommen.

Ähnliche Bedürfnisse, gute Perspektiven

Insekten zur Jungenaufzucht brauchen (fast) alle, ansonsten unterscheidet sich die Nahrung jedoch und die Vögel suchen an verschiedenen Stellen und Quellen im Garten. Für den Nachwuchs sind kleine Insekten wie Blattläuse oft wichtig. Gifteinsatz ist daher ein absolutes No-Go im naturnahen Garten. Und jede Staude und jedes Kraut, das Samenstände bilden darf, ist im Winter potenzielles Futter für Körnerfresser. Für ihre Nester brauchen die Vögel verschiedenstes Baumaterial und den jeweils richtigen Platz, natürlich katzensicher.

Wenn Vögel einen Garten besuchen, lassen sie sich an einer Futterstelle das ganze Jahr über gut beobachten. Für den Anfang reicht es schon, mehr

Strukturen und Elemente als Lebensraum für Vögel und Insekten zu schaffen. Die Artenvielfalt stellt sich dann schon ein, manchmal schneller, oft braucht es Geduld. Bei neu angelegten oder umgebauten Gärten lohnt es sich, mit Fotos die Entwicklungen zu belegen. Jedes Jahr wird der Garten anders aussehen, „fertig“ ist er nie.

Spannend ist, die Vögel im Winter an der Futterstelle zu beobachten und zu bestimmen. Dann lässt sich überlegen, ob das eine oder andere Lebensraumelement bis zum Frühjahr noch eingebaut werden kann, damit die Art im Garten bleibt und brütet. Bei Koloniebrütern wie Haussperling oder Star können es auch mehrere Brutpaare sein.

Die etwas anderen Vogelporträts

Auf den folgenden Seiten sind zehn häufige Gartenvogelarten und ihre nahen Verwandten kurz vorgestellt. Zu einzelnen Aspekten im naturnahen Garten gibt es kleine Exkurse, zum Beispiel zu Insektenreichtum, Regenwürmern, Sand oder Disteln, die für das Vorkommen einer Art besonders wichtig sind. Wenn du die beachtest, ist den Gartenvögeln schon viel geholfen. Bitte immer bedenken, dass die Vögel Teil des Ganzen sind und nicht davon getrennt werden können! Ein moosreicher Rasen reicht nicht, dass die Blaumeisen hier brüten. Vielleicht holen sie das Moos, bauen ihr Nest dann aber woanders.

Je mehr **verschiedene Strukturen** und **Elemente** es im Garten gibt, umso besser für die **Artenvielfalt**.

BLAUMEISE UND KOHLMEISE

Blaumeise und Kohlmeise unterscheiden sich an der namengebenden Farbe. Die Blaumeise ist gelb mit blau, die Kohlmeise gelb mit schwarz (wie Kohle). Männchen und Weibchen sehen gleich aus. Auch am Gesang lassen sie sich leicht erkennen und unterscheiden. Bei der Kohlmeise klingt er sehr laut monoton „di-dä, di-dä, di-dä". Die kleinere Blaumeise singt dagegen leiser und lieblicher, ähnlich wie „tsi-tsi-tirrr".
Meisen sind Höhlenbrüter. Das Nest bauen sie in einer Baumhöhle oder als Ersatz in einem Nistkasten mit kleinem Einflugloch. Blaumeisen brüten nur einmal im April oder Mai, Kohlmeisen fangen bereits im März an und können bis Juli auch zweimal brüten. Bis zu zwölf Eier werden etwa zwei Wochen lang bebrütet. Zur Jungenaufzucht suchen die Meisen Blattläuse, kleine Raupen und andere Insekten. Erwachsene Meisen fressen auch Sämereien aus vertrockneten Samenständen, Nüsse und Obst. An der Futterstelle sieht man sie häufig an Fettfutter wie Meisenknödeln. Sehr beliebt sind Sonnenblumenkerne. Blaumeisen kommen rasch an die Futterstelle, schnappen eine Kern und verzehren ihn dann auf einem Ast im Gesträuch.
Wer „seine" Kohlmeisen aufmerksam beobachtet, kann sie an der Breite des schwarzen Brutstreifens unterscheiden: Männchen mit breiten und langen Bruststreifen sind am Futterhaus dominant.

RICHTIG GEMACHT: MOOS

Meisen bauen ihre Nester aus Moos, manchmal ergänzt durch Wolle. Sie tragen so lange verzweigte Moosstängel in Höhlen oder Nistkästen, bis ein dickes Polster entstanden ist. Darin formt das Weibchen eine Mulde für die Eier. Moos finden die Vögel im Rasen, in einer Wilden Ecke oder am Stamm von alten Bäumen. Moos lässt sich leicht als Nistmaterial in einem Behälter mit großen Öffnungen anbieten. Von Menschen sind die Vögel meist unbeeindruckt, gelegentlich brüten sie sogar in Briefkästen. Spannend zu beobachten ist, wie frisch flügge Meisenkinder von den Eltern gefüttert werden, wenn sie laut bettelnd auf einem Zaun oder Ast sitzen. Ohne Moos keine Meisenküken!

Blaumeise

HAUSROTSCHWANZ

Ab März kommen die Hausrotschwänze aus ihrem Winterquartier im westlichen Mittelmeergebiet zu uns zurück und bleiben bis Oktober. Bereits vor Sonnenaufgang singen die Männchen im Frühjahr von hohen Warten wie Giebeln, Schornsteinen oder Antennen aus ihre gepresst klingenden, knirschenden Strophen. So zeigen sie ihr Revier und locken ein Weibchen an.

Hausrotschwänze sind Insektenfresser, im Sommer nehmen sie auch Beeren. Insekten werden in zickzackförmigem Flug erbeutet oder am Boden aufgepickt. Manchmal fangen die Vögel Insekten auch auf der Stelle im sogenannten Rüttelflug, zum Beispiel vor einer Hauswand.

Die Männchen sind rußschwarz, die Weibchen schlicht braun. Man erkennt sie eindeutig am rostroten Schwanz und an weißen Flügelfeldern. Aufgeregte Vögel rufen laut „si“ oder „tek-tek ...“, während sie in den Beinen immer wieder einknicken (Knicksen) und mit dem Schwanz zittern. Dann lohnt es sich, zum Beispiel nach einer Katze Ausschau zu halten.

RICHTIG GEMACHT: NISCHEN UND BALKEN

Der Hausrotschwanz liebt es am Nest etwas heller als in einer geschlossenen Baumhöhle. Daher bauen die Vögel ihr Nest aus Gräsern, Blättern, Moos, Haaren und Federn am liebsten auf Balken oder überdachten Vorsprüngen, zum Beispiel an Giebeln oder in Carports. Halboffene, künstliche Nisthilfen werden außer vom Hausrotschwanz auch vom Rotkehlchen gerne angenommen. Ursprüngliche Brutplätze dieser Kulturfolger liegen an Felsbändern und -vorsprüngen. Ab Mai legt das Weibchen vier bis sechs Eier. Der brütende Vogel sitzt tief in der Nestmulde und ist fast nicht zu sehen. Die Jungen schauen über den Nestrand, wenn die Eltern mit Futter kommen. Mit ihren dünnen, abstehenden Federn am Kopf sehen sie sehr putzig aus.

Jungvogel

Hausrotschwanz
Männchen

ZAUNKÖNIG

Neben Sommer- und Wintergoldhähnchen ist der Zaunkönig unser kleinster heimischer Singvogel. Die nur etwa 10 cm großen Vögel schlüpfen fast unbemerkt durch Hecken. Am Boden suchen sie nach Käfern und anderen Insekten sowie Spinnen, die sie mit ihrem feinen spitzen Schnabel aufpicken. Im Winter sind sie unter Sträuchern auf Nahrungssuche, wo der Schnee nicht den Boden bedeckt. Ungeachtet der Körpergröße ist der Gesang des Zaunkönigs sehr laut schmetternd und trillernd in unterschiedlichen Tonhöhen, mit einem typischen Roller am Ende. Zur Revierverteidigung singen Zaunkönige das ganze Jahr über. Die kleinen, braun gemusterten Vögel sind schwer zu beobachten, ihr Gesang verrät sie jedoch. Sieht man einen Zaunkönig doch irgendwo sitzen, ist der hochgereckte Schwanz ein typisches Merkmal. Wenn er in Bodennähe von Ast zu Ast hüpft, erinnert er fast an eine umherhuschende Maus. Vor allem im Winter halten sich Zaunkönige gerne in der Nähe von Wasser auf.

RICHTIG GEMACHT: GESTRÜPP

Das kleine kugelige Moosnest des Zaunkönigs liegt gut versteckt in dichtem Gebüsch, Fassadengrün oder zum Beispiel in einem Reisighaufen. Auch Halbhöhlenkästen oder dunkle Nischen sind geeignet. Das Männchen baut mehrere Nester an gut versteckten Stellen, von denen das Weibchen eines auswählt. Die übrigen Nester werden zum Schlafen genutzt. Der Zaunkönig braucht zum Brüten also eine gut versteckte Stelle, aber auch Moos, Laub und anderes Pflanzenmaterial wie Kiefernnadeln oder feine Wurzeln. Das Innere wird dann noch mit Federn und Haaren gepolstert. Zwei Jahresbruten zwischen April bis Juli mit jeweils fünf bis sieben Eiern sind die Regel. Oft liegen die Nester relativ bodennah, sodass Katzen ein Problem sind. Dichte Sträucher, am besten mit Dornen, verzweigte Reisighaufen und Nisttaschen aus Tannen- oder Fichtenreisig bieten guten Schutz. Der Zaunkönig kann auch schon mal im umgedrehten Reisigbesen brüten.

Gut getarnt!

Typische Körperhaltung: Hier wird aus voller Kehle geschmettert.

MEHLSCHWALBE UND RAUCHSCHWALBE

Die Ankunft von Schwalben ist für viele ein Zeichen für den Beginn des Sommers. Ab April kehren die geselligen Mehlschwalben ins Brutgebiet zurück. Den Winter haben sie südlich der Sahara bis Südafrika verbracht. Im Flug lassen sie ihre kurzen zwitschernden Rufe hören.

Mehlschwalben sind unterseits komplett weiß, daher rührt wahrscheinlich auch der Name. Ein Synonym ist Fensterschwalbe, denn Mehlschwalben bauen immer außen an Gebäuden an waagerechten Kanten unter dem Dach oder auch in Fensternischen. Rauchschwalben bauen dagegen immer innerhalb von Gebäuden, in Tunneln oder Durchgängen. Rauchschwalben erkennt man an langen Schwanzspießen, rußgrauem Brustband und rostbrauner Kehle.

Schwalben ernähren sich ausschließlich von Insekten, die sie im Flug fangen. Bei schönem Wetter folgen sie den Fluginsekten in höhere Luftschichten, bei schlechtem Wetter fliegen sie nah über dem Boden und erbeuten auffliegende Insekten. An offenen Wasserflächen trinken Schwalben auch aus dem Flug.

Kurz vor dem Wegzug im Spätsommer sammeln sich die Vögel, dann sieht man sie häufig in großer Zahl auf Leitungsdrähten sitzen.

RICHTIG GEMACHT: LEHMPFÜTZE

Mehlschwalben tragen zum Bau ihrer halbkugeligen Nester bis zu 1000 kleine Lehm- und Erdbatzen aus nahegelegenen Pfützen oder Gewässerrändern zum Nistplatz. In den Lehm verbauen sie zur Stabilität Gräser und Strohhalme. Oft reichen schon unebene offene Bodenstellen, die dauerhaft feucht gehalten werden. Nester werden jedes Jahr wieder genutzt, wenn nötig bessern die Vögel sie aus. Die Nester der Mehlschwalbe sind bis auf ein Einflugloch geschlossen. Erst kurz bevor die vier bis fünf Jungen ausfliegen, erscheinen die Köpfchen am Nestrand. Die Eltern und benachbarte Vögel locken den Nachwuchs dann mit Rufen nach draußen.

Auch Rauchschwalben brauchen zum Nestbau lehmhaltige Erde. Ihre Nester sind halbkugelig, aber viel offener als die der Mehlschwalben.

Mehlschwalbe

AMSEL UND SINGDROSSEL

Die Amsel ist unsere bekannteste Gartenvogelart. Die Männchen sind schwarz mit gelbem Schnabel und gelb umrandetem Auge, die Weibchen tarnfarben-braun, unterseits manchmal etwas heller. Dunkelbraune Vögel mit braun-gelbem Schnabel sind vorjährige Männchen, deren Federkleid noch nicht ausgefärbt ist. Der andauernde, melodisch flötende Gesang der Männchen ist ab dem Frühjahr vor allem morgens und abends von hohen Warten wie Dachfirsten oder Baumspitzen aus zu hören. Im Gegensatz dazu singt die Singdrossel unterschiedliche Motive, die jeweils zwei- bis dreimal wiederholt werden. Amseln machen mit lautem Zetern auf eine Gefahr aufmerksam, zum Beispiel eine Katze. Am Abend zetern sie auch auf dem Flug zu ihrem Schlafplatz, als wenn sie „Gute Nacht“ wünschen wollten.

Amseln brüten in Bäumen, Büschen, Fassadengrün oder auch Nischen und Halbhöhlen. Das napfförmige Nest besteht aus Halmen und Laub. Ein ähnliches Nest baut auch die Singdrossel, sie kleidet die Innenseite jedoch mit einem Brei aus Holzfasern und Speichel aus. Je nach Witterung können Amseln bis zu fünfmal im Jahr brüten, in milden Wintern bereits im Januar.

RICHTIG GEMACHT: REGENWÜRMER

Die wichtigste Nahrung der Amseln sind Regenwürmer, die sie auf Flächen mit kurzer oder lockerer Vegetation aus dem Boden ziehen. Eine große Zahl Regenwürmer auf kleiner Fläche ist ein Zeiger für gesunden, intakten Boden. Bei lang anhaltender Trockenheit, wenn häufig gemähte Rasenflächen regelrecht ausgedörrt und betonhart getrocknet sind, finden Amseln hier keine Beute. Außer Würmern fressen sie auch Schnecken, Insekten und deren Larven, Beeren, Obst (Fallobst) und Sämereien. Auch Singdrosseln erbeuten Schnecken. Um an das Schneckenfleisch zu kommen, zertrümmern sie Gehäuseschnecken auf Steinen. Die übrig gebliebenen Schalen verraten diese „Drosselschmiede“. Singdrosseln ziehen im Winter nach Westen, an Futterstellen sind dann Amseln häufig und gut zu beobachten. Vor allem im Herbst machen Amseln durch lautes Rascheln auf sich aufmerksam, wenn sie im frischen Laub nach Nahrung suchen.

Singdrossel

STAR

Im Gegensatz zur Amsel ist der Star nicht, wie es zunächst scheinen mag, einfarbig schwarz. Bei genauerer Betrachtung erkennt man das grün-blau-violett schillernde, mehr oder weniger gepunktete Federkleid des Stars. Jungvögel sind zunächst noch graubraun. Als Zugvogel überwintert der Star im Mittelmeerraum. Statt „unserer" Brutvögel sieht man im Winter gelegentlich Stare aus weiter nördlich oder östlich gelegenen Brutgebieten. Zu den Zugzeiten sind Stare in großen Schwärmen unterwegs.

Der Speisezettel der Stare ist vielseitig, von Würmern, Insekten, Spinnen und Schnecken über Beeren und Obst bis zu Sämereien ist alles dabei, je nach Jahreszeit und Angebot. Am Boden schreitend suchen sie nach Nahrung und stochern gelegentlich mit dem Schnabel nach Würmern. Offene Flächen im Garten, zum Beispiel durch Staffelmahd kurz gehaltene Wiese, werden zur Nahrungssuche bevorzugt.

Der Gesang ist abwechslungsreich, manchmal bauchrednerisch und enthält häufig Imitationen anderer Vogelarten, aber auch unterschiedlichste Geräusche wie Handy- oder Weckerklingeln, Pfiffe und mehr.

RICHTIG GEMACHT: NISTKÄSTEN

Stare sind Koloniebrüter, das heißt, sie brüten am liebsten in kurzer Entfernung zueinander. So viele Baumhöhlen gibt es in Gärten eher nicht, daher lässt sich dem Star gut mit Nistkästen helfen. Für freien Anflug und gute Überschaubarkeit ist gesorgt, wenn der Kasten hoch an einem Baumstamm, der Hauswand oder an einer langen Latte aufgehängt ist. Die Männchen zeigen vom Dach des Nistkastens eine tolle Show mit vielseitigem Gesang und Flügelschlagen, für alle anderen Männchen und vor allem Weibchen weithin sichtbar. Um eine potenzielle Partnerin auf sich aufmerksam zu machen, lassen die Männchen auffällig langes oder buntes Nistmaterial wie Blüten absichtlich fallen. Das Nest wird aus verschiedenem Material gebaut, oft auch mit frischem Grün.
In die fein ausgelegte Mulde legt das Weibchen vier bis acht grünblaue Eier. Die Schalen kann man dann in der Nähe am Boden finden.

HAUSSPERLING UND FELDSPERLING

„Spatz“ ist ein volkstümlicher Name für Sperling und oft bekannter als die Namen Haus- oder Feldsperling. Den Haussperling erkennt man am grauen Scheitel über dem braunen Nacken und an der schwarzen Kehle. Die Weibchen sind sehr unscheinbar grau-braun gemustert. Beide haben kräftige, spitze Körnerfresserschnäbel. Beim Feldsperling sehen Männchen und Weibchen gleich aus, vom Haussperling unterscheiden sie sich durch den braunen Kopf mit einem schwarzen Fleck („Feld“ als Eselsbrücke) in der weißen Wange. Ihre unordentlichen Nester aus Halmen, Blättern, Federn, Fäden und sonstigem Material, das zu einer lockeren Kugel zusammengefügt wird, liegen in Höhlungen und Nischen an Gebäuden, Baumhöhlen oder Nistkästen. Spatzen brüten in lockeren Kolonien, daher sollten immer mehrere Kästen im Abstand von 50 cm oder mehr aufgehängt werden.

Feldsperlinge brüten ein- bis dreimal im Jahr, Haussperlinge bis zu sechsmal. Ihren Nachwuchs füttern Spatzen mit kleinen Insekten, die erwachsenen Vögel ernähren sich von unterschiedlichsten Samen, Kernen und Knospen. Auch Zivilisationsabfälle an Picknickplätzen oder in Biergärten werden nicht verschmäht.

RICHTIG GEMACHT: SANDBAD

Feiner Staub ist eine Anforderung von Haus- und Feldsperling an ihren Lebensraum. Um ihr Gefieder von Parasiten zu befreien, wälzen sie sich in feinem Sand oder Staub. Diese Sandbäder dienen aber nicht nur der Gefiederpflege, sondern sind wichtig für das Sozialleben der geselligen Spatzen. In Siedlungen sieht man sie manchmal an offenen Bodenstellen an Seitenstreifen, wo regelmäßig Autos parken und Pflanzen nicht wachsen. Wenn es im Garten keinen offenen, sandigen Boden gibt, lässt sich ein Sandbad ganz einfach in einem flachen Behälter, zum Beispiel einem großen Topfuntersetzer, anbieten. Wichtig: Der Sand sollte trocken bleiben bzw. Wasser ablaufen können. Also Löcher nicht vergessen. Natürliche Sandbadestellen liegen zum Beispiel unter dekorativ aufgestellten Wurzeltellern. Auch das lässt sich im Garten nachahmen. In Neubaugebieten mit Sandhügeln sieht man gelegentlich mehrere kleine Mulden nebeneinander, das waren wahrscheinlich Spatzen beim geselligen Baden.

Feldsperling

STIEGLITZ

Der farbenfrohe Stieglitz war der Legende zufolge bei der Ausgabe von Farbe für die Federn vergessen worden. Am Ende hat er aus etlichen Farbtöpfen die Reste bekommen. Auffällig ist der Kontrast von Weiß und Schwarz, Rot und Gelb im ansonsten braunen Federkleid. Daher ist der Stieglitz unverwechselbar. Männchen und Weibchen sehen gleich aus, Jungvögel sind noch nicht so farbenfroh, das rote Gesicht fehlt ihnen noch. Zum Nisten brauchen Stieglitze Bäume oder hohe Büsche, wo sie oft am äußeren Ende der Zweige aus Halmen, Moos und Wurzelfasern ein kleines Napfnest bauen. Außen tarnen sie es mit Flechten, die mit Spinnweben „angeklebt" werden. Bis zu drei Bruten mit jeweils vier bis sechs Eiern sind zwischen Mai und August möglich. Ab dem Spätsommer schließen sich Familien zusammen und ziehen gemeinsam umher. Beim wellenförmigen Flug lassen sie ihre namengebenden Flugrufe hören: „stigelitt, stigelitt".

RICHTIG GEMACHT: DISTELN

Der Stieglitz liebt Disteln – daher auch der Name Distelfink. Nicht nur picken die Vögel mit ihren pinzettenförmigen Schnäbeln die feinen Samen aus den Distelköpfchen, sie nutzen auch die Pflanzenwolle als Nistmaterial. Sehr gerne fressen Stieglitze die Samen von Korbblütlern bereits, bevor sie ganz ausgereift sind (Milchreife) und noch reichlich Fruchtsaft enthalten. Ihre Jungen füttern sie nur in den ersten Tagen mit kleinen Insekten wie Blattläusen, später mit im Kropf der Eltern vorgeweichten Sämereien. Im Winter sind die Vögel in kleinen Trupps unterwegs in Brachflächen mit Samenständen von Disteln oder Kletten und kommen auch zu mehreren an Futterstellen. Besonders Stieglitze profitieren von naturnahen Gärten. Samenstände von Disteln unbedingt auch im Winter stehen lassen!

Noch bunter im Flug.

GRÜNFINK

Die Männchen des Grünfinken sind namengebend gelb-grün gefärbt, Weibchen nicht so leuchtend, sondern etwas grauer. Im Flug sind deutlich gelbe Flügelbinden und ein kräftig gekerbter Schwanz zu erkennen. Häufig sind Grünfinken mit anderen Finkenarten oder Ammern unterwegs auf Nahrungssuche. Hoch in Bäumen oder Büschen sitzend singen die Männchen eine anhaltende Folge von klingelnden oder gequetschten Trillern in unterschiedlichen Tonhöhen. Ihre Rufe sind vielseitig, zum Beispiel lang gezogen wie „dschääii", „djüit" oder „tschrrr".

Aus Zweigen, Gras und Moos bauen Grünfinken ein Napfnest in Bäumen, Sträuchern oder auch Kletterpflanzen. Zwischen April und Juni können bis zu drei Bruten mit jeweils vier bis sechs Eiern stattfinden. Während das Weibchen brütet, wird es vom Männchen mit Futter versorgt. Grünfinken besiedeln parkähnliche Landschaften mit Baumgruppen, Gebüsch und Freiflächen. Wichtig sind Früchte tragende Sträucher.

Sehr häufig kann man Grünfinken an Futterstellen beobachten, wo sie mit Vorliebe Sonnenblumenkerne fressen. Dabei bleiben sie einfach sitzen und fressen einen Kern nach dem anderen. Sie verjagen regelmäßig kleinere Vögel von der Futterstelle.

RICHTIG GEMACHT: BEEREN & HAGEBUTTEN

Grünfinken sind (fast) reine Vegetarier. Nur die Jungen werden zu Beginn mit kleinen Insekten wie Blattläusen gefüttert, später mit im Kropf vorgeweichtem Körnerbrei. Daher sieht man Grünfinken fast nie Futter zum Nest tragen. Die Vögel fressen nicht nur Sämereien von Gräsern, Stauden, Sträuchern und Bäumen, sondern auch Blatt- und Blütenknospen. Häufig kann man Grünfinken an Löwenzahn in allen Stadien beobachten. Eine besondere Vorliebe haben sie für Beeren, besonders Hagebutten. Wildrosen und viele naturnahe Sorten tragen Hagebutten, im naturnahen Garten sollten Rosen nicht zurückgeschnitten werden.

GRAUSCHNÄPPER

In naturnahen Gärten in ländlicher Gegend und in Villenvierteln mit hohem Gehölzanteil in Städten findet man den Grauschnäpper. Namengebend ist die graubraune, sehr unscheinbare Färbung von Männchen wie Weibchen. Der Grauschnäpper ist meist weniger als fünf Monate in unseren Gefilden während der Brutzeit anwesend und wird häufig übersehen. Dabei ist er eigentlich häufig und weit verbreitet. Der Gesang ist eine sehr unauffällige Folge piepsender, rauer Töne, die man selten hört. Grauschnäpper brüten in nicht zu dunklen Halbhöhlen und Nischen an Gebäuden oder Baumstämmen. Das Nest aus Moos, Gras und Zweigen hält durch Spinnweben zusammen, die Nestmulde wird mit Federn und Haaren gepolstert. Halbhöhlenkästen werden gerne angenommen.

Schwebfliegen gehören zum Nahrungsspektrum des Grauschnäppers.

RICHTIG GEMACHT: SCHMETTERLINGE

Grauschnäpper ernähren sich fast ausschließlich von Insekten, die sie im Flug erbeuten. Sie kehren als eine der letzten Zugvogelarten aus dem Winterquartier in Afrika südlich der Sahara zurück, wenn es reichlich Insekten bei uns gibt. Bereits ab August sind die Ersten schon wieder unterwegs nach Süden. Mit ihrem breiten Schnabel schnappen sie in der Luft Schmetterlinge, Käfer, Hummeln und Schwebfliegen, in der Wiese jagen sie nach kleinen Heuschrecken. Von einer erhöhten Warte aus startet der Grauschnäpper und sammelt mehrere Beutetiere im Schnabel, bevor er zum Nest fliegt und sie an die Jungen verteilt. Trotz ihres recht kurzen Aufenthalts im Brutgebiet sind bei günstiger Witterung zwei Bruten möglich. Jungvögel der ersten Brut helfen zuweilen beim Füttern der Geschwister der zweiten Brut. Im Sommer und Herbst fressen sie auch Beeren. Blütenreiche Gärten mit heimischen Stauden für Schmetterlinge und ihre Raupen und Wiesen für Heuschrecken sind gute Voraussetzungen, den Grauschnäpper im Garten zu haben.

#MACHSNACH-HALTIG-INFOS

Willst du mehr über Tiere und einen naturnahen Garten wissen? Infos gibt es ja wie Sand am Meer, richtig gute Infos findest du in guten Büchern oder Apps und bei renommierten Stellen wie Vereinen, die die Checker in ihren Mitgliederreihen haben. Es lohnt sich, sich zu vernetzen, dann wächst das Leben im Garten und die Freude daran. Hier sind hilfreiche Adressen, Lese- und Mitmachtipps zusammengestellt.

Tier- und Vogelbücher

Rösen, C.:
**Igel sucht Unterschlupf.
So helfe ich Tieren über den Winter.**
Verlag Eugen Ulmer 2021.

Schäffer A. & Schäffer, N.:
Gartenvögel rund ums Jahr – Beobachten, Füttern, Ansiedeln.
Aula-Verlag 2021.

Schäffer, A. & Schäffer, N.:
Vögel füttern im Garten – ganzjährig und naturnah.
Verlag Eugen Ulmer 2022.

Schäffer, A.:
Vogelbestimmung für Einsteiger – 30 Arten einfach erkennen.
Quelle & Meyer 2021.

Schwarzer, E.:
Meise mag Melisse.
Verlag Eugen Ulmer 2020.

Toms, M., Wilson, I. & B.:
Gardening for Birdwatchers.
British trust for Ornithology 2008.

Naturgartenbücher

Boomgarden, H.,Ollig, W. & Oftring, B.:
Naturgarten ganz einfach – 35 Ideen für nachhaltiges Gärtnern.
Verlag Eugen Ulmer 2022.

Faßmann, N.:
Naturgarten – einfach machen!
Verlag Eugen Ulmer 2023.

Hofmann, H.:
Richtig gute Insektenhotels. Nisthilfen für Wildbienen nach dem Baukastenprinzip.
Verlag Eugen Ulmer 2021.

Kremer, B. P. & Richarz, K.:
Tiere in meinem Garten. Wertvolle Lebensräume für Insekten und andere Wildtiere gestalten.
Haupt-Verlag 2022.

Schäffer A. & Schäffer, N.:
Ein Garten für Insekten – Schmetterlinge, Libellen und andere Wirbellose fördern, beobachten und schützen.
Aula-Verlag 2020.

Witt, R.:
Natur für jeden Garten.
Naturgarten Verlag 2018.

Im Netz

www.vogelfreundlichergarten.de
In Kooperation zwischen LBV und Bayerischem Artenschutzzentrum werden seit 2022 besonders vogelfreundliche Gärten mit einer Plakette ausgezeichnet. Auf der Internetseite des Projektes finden sich zahlreiche Tipps zu naturnahen Gärten, von den häufigsten Vogelarten im Porträt über Experten-Fütterung bis zu „Lebensraum Hecke“ oder „Pflanzen für naturnahe Gärten“.

Kostenlose Bestimmungs-Apps:
Flora Inkognita für Pflanzen
Naturgucker für verschiedene Artengruppen
Birdnet zur Erkennung von Vogelstimmen

Vereine

NABU: Naturschutzbund Deutschland e. V.,
www.nabu.de
Unter > Tiere und Pflanzen > Vögel finden Sie Tipps, was Sie für Vögel in Ihrem Garten tun können.

LBV: Landesbund für Vogelschutz in Bayern e. V.,
www.lbv.de
Unter > Ratgeber > Haus und Garten finden sich jede Menge Vorschläge und Tipps zur Gestaltung eines naturfreundlichen Gartens, angefangen von wie Sie welche Tiere in den Garten locken bis hin zu Gärtnern ohne Torf und Ratschlägen zum Thema Schnecken. Im LBV-Shop **www.lbv-shop.de** erhalten Sie neben Vogelfutter auch Futtersilos, Nistkästen, Bestimmungsbücher und vieles mehr.

Naturgarten e. V.: Verein für naturnahe Garten- und Landschaftsgestaltung, **www.naturgarten.org**

Bezugsquellen

Hier finden Sie Rat und Hilfe bei der Gestaltung eines naturnahen Gartens.

Unter **www.naturgarten-fachbetriebe.de** sind von Naturgarten e. V. anerkannte Fachbetriebe aufgelistet, unter anderem auf heimische Pflanzen spezialisierte Gärtnereien.

DDA:

Dachverband Deutscher Avifaunisten e. V.,
www.dda-web.de
Unter > ornitho.de erfährt man, wie die Plattform zum Beispiel für die eigene Gartenvogelliste nutzbar ist.
Unter > Vögel A–Z gibt es Infos zu allen heimischen Vogelarten.

Naturgarten-Shop:

Unter anderem ist hier Saatgut heimischer Wildpflanzen auch in kleinen Mengen erhältlich
www.naturgartenshop.com

Schwegler:

Vogel- und Naturschutzprodukte
www.schwegler-natur.de

Vivara:

Spezialist für Naturschutzprodukte, zum Beispiel Futtermittel, Nistkästen und Pflanzen
www.vivara.de

Bildquellen

Fotos: Albert Beukhof/Shutterstock.com: 7 | **Andreas Hartl/naturfotos.lbv.de:** 33 | **Anita Schäffer:** Außenklappe vorne, 19, 27 links, 37 Mitte, 41 unten, 51 rechts, 69 unten, 71 | **Antje Krause:** 79 oben links | **Baloost/Shutterstock.com:** 68 | **Birgit Helbig/naturfotos.lbv.de:** 81 | **Bosch Christoph/naturfotos.lbv.de:** 99 | **Chamois huntress/Shutterstock.com:** 83 links | **Elke Schwarzer :** 41 oben, 69 oben | **Flora Press/gartenfoto.at:** 29 rechts, 36 | **Flora Press/Jonathan Buckley:** 65 links | **Flora Press/Ute Klaphake:** 16/17, 31 oben | **Frank Hecker Naturfotografie:** 5, 21, 23 oben, 39, 55, 66/67, 72, 79 unten, 83 rechts, 96, 126/127 | **blickwinkel/R. Bala:** Coverfoto | **gartenfoto.eu/Martin Staffler:** 31 unten | **Gerhard Schuster:** 11 | **I. Rottlaender/Shutterstock.com:** 45 oben | **IanRedding/Shutterstock.com:** 46/47 | **iravgustin/Shutterstock.com:** 84/85 | **Karin Mengele/naturfotos.lbv.de:** 116 | **Keith Hider/Shutterstock.com:** 23 unten | **Klaus Schulze:** 73 unten links, 90 | **Manfred Ruckszio/Shutterstock.com:** 43 | **Martin Pelanek/Shutterstock.com:** 105 | **mauritius images:** Umschlaginnenseite vorne und hinten, 9, 10, 13, 15, 18, 27 rechts, 29 links, 34, 37 oben, 45 unten, 49, 51 links, 53, 58, 59 links, 59 rechts, 61 rechts, 65 rechts, 73 oben rechts, 73 unten rechts, 75 oben, 77, 79 oben Mitte, 79 oben rechts, 80, 87 unten, 88, 89 links, 89 rechts, 91, 92, 93 links, 93 rechts, 94, 95, 101 unten, 103 oben, 107, 111, 113 oben, 113 unten, 115, 117, 118/119, 123 | **Oleksandr Filatov/Shutterstock.com:** 57 | **Peter Bria/naturfotos.lbv.de:** 64 | **Pieter Bruin/Shutterstock.com:** 61 links | **Reinhard Tierfoto/Hans Reinhard:** 22, 37 unten | **Rosl Roessner/naturfotos.lbv.de:** 109, 101 oben, 103 unten | **Siarhei Zuyonak/Shutterstock.com:** 75 unten | **Sla007/Shutterstock.com:** 87 oben | **Tilli/Shutterstock.com:** 25.

Illustrationen: Andrius Repsys/Shutterstock.com: 3 (32) | **Bodor Tivadar/Shutterstock.com:** 4 (5, 14, 93, 120-122, 124 links, 128) | **Helmuth Flubacher:** 12 (97, 124 rechts, 125), 63, 70, 71 | **Michaela Mayländer:** 11 (58, 102), 19 (56, 112), 51 | **vividvic/Shutterstock.dom:** 17 (26, 47, 67, 78, 85, 119 , 121).

Register

N

O

R

S

T

V

W

Z

Impressum

Die in diesem Buch enthaltenen Empfehlungen und Angaben sind von der Autorin mit größter Sorgfalt zusammengestellt und geprüft worden. Eine Garantie für die Richtigkeit der Angaben kann aber nicht gegeben werden. Autorin und Verlag übernehmen keine Haftung für Schäden und Unfälle. Bitte setzen Sie bei der Anwendung der in diesem Buch enthaltenen Empfehlungen Ihr persönliches Urteilsvermögen ein.

Der Verlag Eugen Ulmer ist nicht verantwortlich für die Inhalte der im Buch genannten Websites.

Anmerkung zur Schreibweise (Gendering): Gendergerechtigkeit und Inklusion sind bei uns gelebte Praxis – bei der Auswahl unserer Themen, bei der Recherchearbeit, in der Gestaltung. Unsere Texte meinen alle.

Bibliografische Information der Deutschen Nationalbibliothek
Die Deutsche Nationalbibliothek verzeichnet diese Publikation in der Deutschen Nationalbibliografie; detaillierte bibliografische Daten sind im Internet über http://dnb.d-nb.de abrufbar.

Wollgrasweg 41, 70599 Stuttgart (Hohenheim)
E-Mail: info@ulmer.de
Internet: www.ulmer.de
Konzept und Projektleitung: Christine Hutschenreuther
Lektorat: Antje Krause
Herstellung: Stephanie Haun
Reihen- und Umschlaggestaltung: Michaela Mayländer, Stuttgart, www.sistermic.de
Satz: Marion Schreiber, www.marionschreiber.de
Reproduktion: time:ray, Jettingen
Druck und Bindung: Pustet, Regensburg
Printed in Germany

ISBN 978-3-8186-2224-4

FSC
www.fsc.org
MIX
Papier | Fördert gute Waldnutzung
FSC® C014889